KRANE

DIE SPEKTAKULÄRSTEN BAUMASCHINEN AUS ALLER WELT

KRANE

DIE SPEKTAKULÄRSTEN BAUMASCHINEN AUS ALLER WELT

Martin J. Dougherty

Parragon

Bath · New York · Singapore · Hong Kong · Cologne · Delhi · Melbourne

Entwurf und Realisation:
Amber Books Ltd
Bradley's Close
74–77 White Lion Street
London N1 9PF
www.amberbooks.co.uk

Projektbetreuung: Sarah Uttridge
Design: Brian Rust
Bildrecherche: Kate Green

Übersetzung: Horst D. Wilhelm
Redaktion und Satz: trans texas publishing, Köln
ISBN 978-1-4075-2396-5
Printed in China

Bildnachweis:
6o: Corbis (Bettmann), 6u: Amber Books, 7l: Photos.com, 7r: Fotosearch, 8: Dreggen Crane AS, 9 beide: Harland & Wolff Hl Ltd, 10: Charles Catton, 11: Corbis (Construction Photography), 12o: Mary Evans Picture Library, 12/3: Corbis (Bettmann), 13: Public Domain, 14: Juerg Alean, 15 beide: Corbis (Historical Picture Archive), 16o: Stefan Kühn, 16u: Donar Reiskoffer, 17o: Mary Evans Picture Library, 17u: Getty Images (Hulton Archive), 18: Kate Green, 19l: Paceco Corp, 19r: Corbis, 20: US DOD, 21l: Corbis (Hulton-Deutsch Collection), 21r: US DOD, 22: Getty Images (Michel Porro), 23o: Corbis (Klaus Leidorf), 23u: Corbis (Morton Beebe), 24a: Corbis (Historical Picture Archive), 24b: Corbis (Bettmann), 24c: Corbis (Hulton-Deutsch Collection), 24d: Getty Images (Hulton Archive), 25a: Corbis (Bettmann), 25b: Corbis (Bettmann), 25c: Corbis (Michael S. Yamashita), 25d: Terex-Comedil, 26: US DOD, 27: Konecranes, 28: Harland & Wolff Hl Ltd, 29: Aimee Brooks, 30–31: Konecranes, 32–33: US DOD, 34 beide: Paceco Corp, 35: Konecranes, 36: Paceco Corp, 37: Gottwald Port Technology GmbH, 38–39: Yantai-Raffles Shipyard Limited, 40–41: Dreggen Crane AS, 42: Paceco Corp, 43: Gottwald Port Technology GmbH, 44: Construction Photography (Mike St Maur Shell), Construction Photography (Adrian Greeman), 46: Avi Cranes Ltd., 47: Construction Photography (Chris Henderson), 48: Terex Corporation, 49 beide: Sennebogen GmbH, 50: Gino Kloster, 51: Mammoet, 52–53: Sennebogen GmbH, 54: Construction Photography (Chris Henderson), 55: Construction Photography (Adrian Greeman), 56–57: Phil Bishop, 58: Hitachi Sumitamo Heavy Industries Construction Crane Co., Ltd, 59–60: Phil Bishop, 61: Grove Cranes, 62: US DOD, 63: Liebherr, 64: Construction Photography (Phil Starling), 65: Terex, 66: Palfinger Europe GmbH, 67: HIAB AB, 68–69: Palfinger Europe GmbH, 70: Phil Bishop, 71: Construction Photography (David Potter), 72: Gottwald Port Technology GmbH, 73: Phil Bishop, 74–77: Aimee Brooks, 78–80: Arcomet Group, 81: Tower Cranes of America Inc., 82: Terex-Comedil, 83: Arcomet Group, 84: Liebherr, 85: Aimee Brooks, 86: Manitowac Crane Group Ltd, 87–89: Terex-Comedil, 90–91: South Carolina Department of Transportation, 92: Arcomet Group, 93 beide: Phil Bishop.

Amber Books dankt The Crane Hotline für ihre Unterstützung.

INHALT

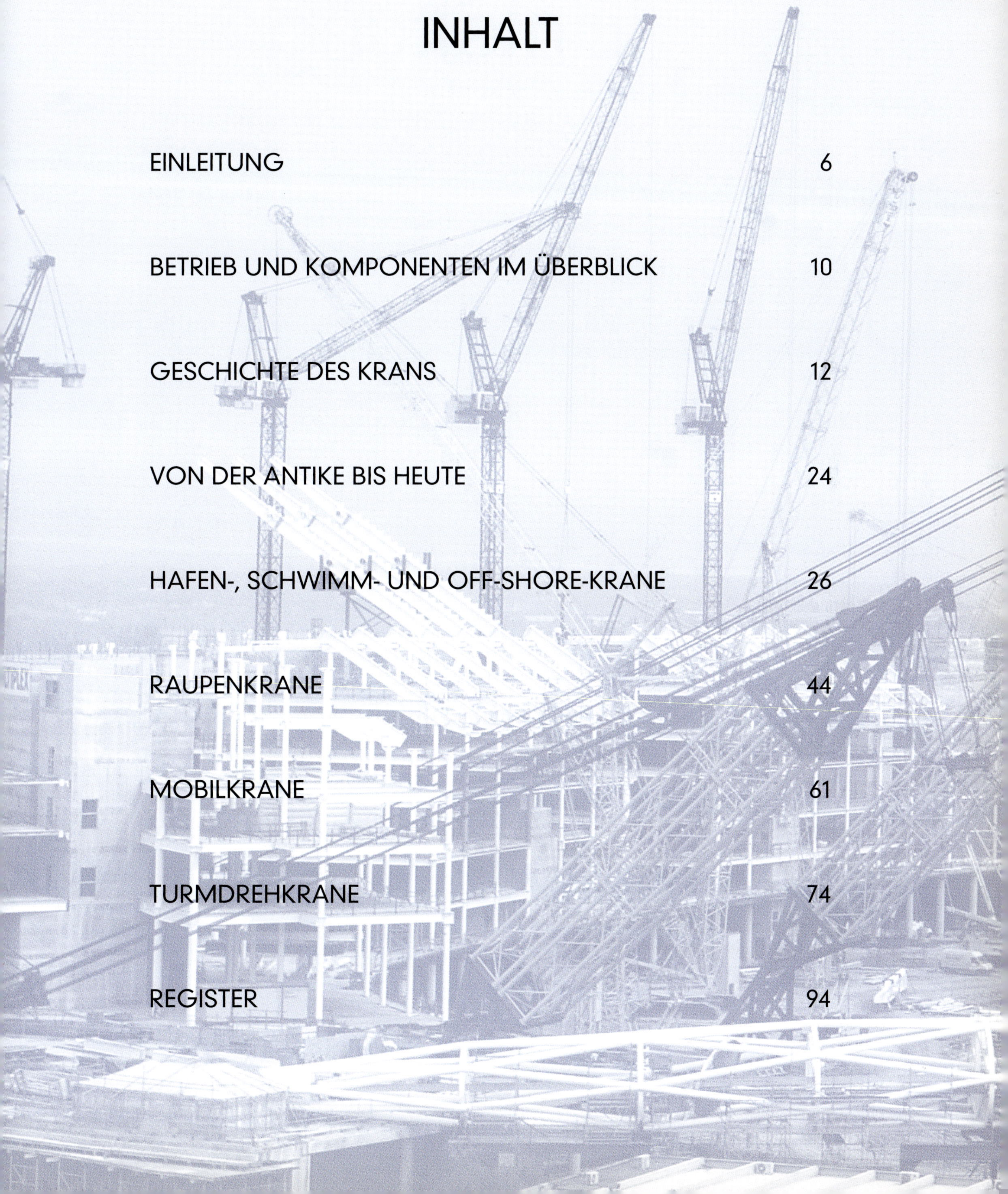

Einleitung

Menschen sind weder die größten noch die stärksten oder schnellsten Lebewesen – im Gegenteil: Ihre natürlichen Anlagen sind meist nur schwach ausgeprägt. Einfallsreich und durch Ausprobieren haben sie deshalb künstliche Hilfsmittel geschaffen, die die angeborene Geschicklichkeit von Mensch und Tier übertreffen. Nur so konnten sie sich in einer lebensbedrohenden Umwelt mit gefährlichen Raubtieren nicht nur behaupten, sondern auch entwickeln.

Die ersten Hilfsmittel sicherten vor allem das tägliche Überleben. Sie dienten neben der Nahrungsbeschaffung der Bewahrung des wärmenden Feuers und schützten die Gruppe vor bedrohlichen Tieren und Menschen. Sobald man sich an den Einsatz von Werkzeugen gewöhnt hatte, gehörten sie zum Alltag. Kann ein Mensch eine Aufgabe nicht aus eigener Kraft lösen, sucht er sich geeignete Hilfsmittel. Besitzt er kein passendes Werkzeug, improvisiert er.

Werkzeuge

Gelegentlich erfordert eine Aufgabe auch spezielles Werkzeug; dieses zu entwerfen und zu fertigen bereitet dem Menschen keine größeren Schwierigkeiten. Ist ein Problem nicht mit den angeborenen Fähigkeiten zu bewältigen, konstruiert er sich das passende Hilfsmittel.

Andererseits hat die Menschheit dank ihrer Werkzeuge zahllose Herausforderungen der Umwelt bestanden – zumindest im täglichen Überlebenskampf. Pflüge, Beile und ähnliche Geräte erleichterten die Nahrungsbeschaffung und den Bau schützender Unterkünfte. Und damit hätte es genug sein können. Was könnte wichtiger sein als die beständige Sicherung der Existenz?

Doch der Wunsch nach Luxus und Komfort erwacht, sobald das Dasein gesichert ist; hinzu kommt der Zwang, Großes schaffen zu wollen. Daraus entsteht das Bedürfnis nach immer ausgefeilteren Hilfsmitteln. Um Luxusgüter aus fernen Ländern anbieten zu können, müssen entspre-

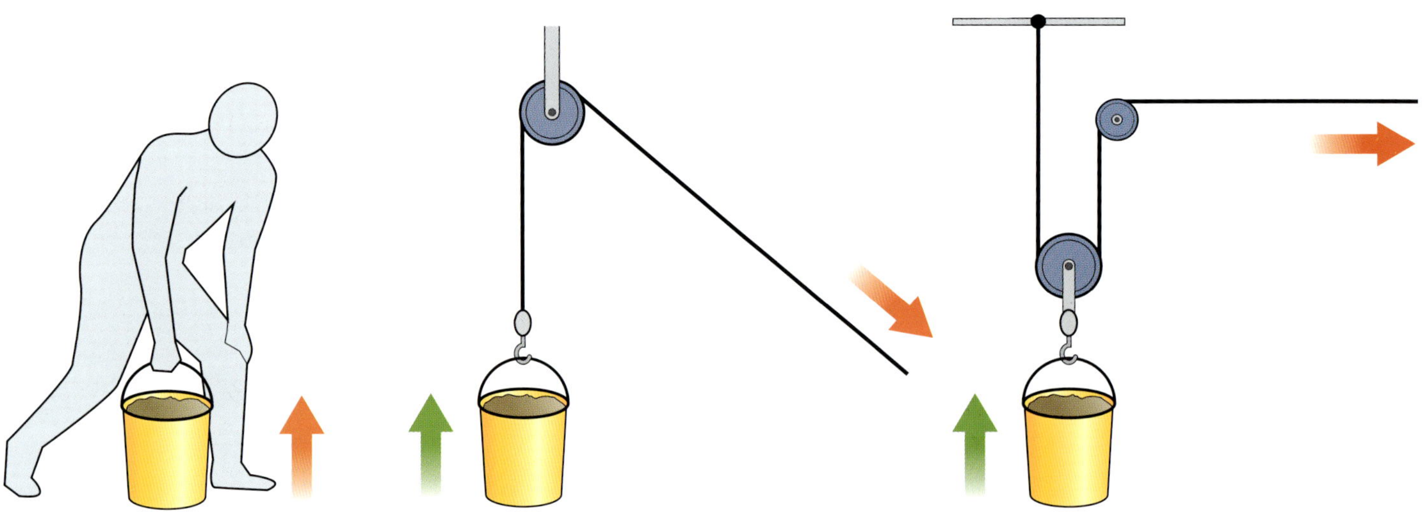

1) Kraft, Körperbau und Körperhaltung eines Menschen begrenzen seine individuellen Fähigkeiten zum Heben von Lasten. Außerdem kann ein Mensch nicht über seine Reichweite hinaus heben.

2) Schon eine Seilrolle erleichtert die Arbeit. Es wird zwar die gleiche Kraft zum Heben des Kübels benötigt, dank der Seilrolle wird die Hubhöhe der Last aber nicht durch die Körpergröße des Menschen begrenzt.

3) Komplexe Mehrrollen-Systeme ermöglichen höhere Last-Kraft-Verhältnisse und erleichtern den Lastenhub. In diesem Beispiel wird für die gleiche Aufgabe wie zuvor nur noch die halbe Muskelkraft benötigt.

„... etwas zu erfinden und zu bauen, das das Problem lösen hilft."

UNTEN: Das Gehen im Tretrad dieses einfachen Krans war für die Arbeiter bei gleichem Kraftaufwand weniger anstrengend als die Benutzung einer Seiltrommel. Das Tretrad verstärkte die Hebekraft des Krans beträchtlich.

GEGENÜBER: New York, 1930. Ein Arbeiter hängt am Lasthaken eines Krans. Fotografiert beim Bau des Empire State Building.

chende Transportmöglichkeiten geschaffen werden. Unabhängig vom Transportweg müssen sie in geeigneten Fahrzeugen befördert und an ihrem Bestimmungsort entladen werden können. Mithilfe moderner Werkzeuge erzeugen Menschen Dinge, die andere begehren, und verbessern so die Lebensqualität aller Beteiligten.

Seehandel

Der Seehandel bietet ein gutes Beispiel dafür, wie vielfältig die Anforderungen sind, die erfüllt werden müssen.

LINKS: Der kleine israelische Hafen in Eilat bewältigt ein ständig wachsendes Güteraufkommen aus Afrika, Japan, Australien, China und Indien. Zum Be- und Entladen stehen insgesamt sechs Krane unterschiedlicher Typen zur Verfügung.

DIE GRÖSSTEN HAFENKRANE

Einige der größten Hafenkrane der Welt arbeiten im Hafen von Tacoma im US-Bundesstaat Washington. Jeder Kran wiegt rund 1100 Tonnen. Gebaut wurden sie im südkoreanischen Ulsan von Hyundai Heavy Industries, wo sie innerhalb von 15 Monaten gleichzeitig montiert wurden. Alle vier Krane wurden an Bord eines speziell für solche Transporte konstruierten Frachters aufrecht stehend über den Pazifik verschifft.

Zunächst einmal müssen Schiffe gebaut sowie be- und entladen werden. Dafür sind geeignete Plätze ebenso notwendig wie Lagerstätten für Transit und Verteilung der Güter. Außerdem braucht man Arbeitsplätze und Unterkünfte für die Arbeiter, Anschlüsse an das Straßen- und Schienennetz, und die Energieversorgung muss gesichert werden.

Ziel dieser Aktivitäten ist die Verladung sperriger und schwerer Lasten. Da auch die stärksten Menschen mit einfachen Winden und Flaschenzügen irgendwann an ihre Grenzen stoßen, muss etwas Leistungsfähigeres entwickelt werden: ein Gerät oder eine Maschine zum Heben und Versetzen von Lasten, kurzum: ein Kran.

Vielseitige Verwendung

Besonders beim Seehandel zeigt sich die Vielseitigkeit der Krane. Einige dienen zum Be- und Entladen von Schiffen oder Transportmitteln auf dem Land; andere verlegen Kraftstoffleitungen zu den Schiffen, werden für

UNTEN: Nach Tests auf offener See holt ein Dreggen-Bordkran ein Rettungsboot ein. Dreggen baut Spezialkrane zur Verlegung von Versorgungsleitungen, für den Einsatz von Rettungsgeräten sowie in gefährlichem Umfeld, beispielsweise bei Explosionsgefahr.

LINKS: Auf der Werft von Harland & Wolff in Belfast hebt ein riesiger Portalkran ein Bauteil an seinen Platz. Die Fähigkeit, Großbauteile vorzufertigen und später im Schiff zu platzieren, hat den Schiffbau erheblich vereinfacht.

Reparaturarbeiten im Hafen eingesetzt oder heben auf einer Werft Schiffsbauteile zur Montage an Bord. Auf dem Güterbahnhof wird ein entgleister Waggon von einem Mobilkran wieder auf die Schienen gesetzt, während Lagerarbeiter und Wartungspersonal kleinere Derrickkrane verwenden. Die Hafenanlagen selbst werden mit gigantischen Kranen gebaut, die nach Abschluss der Arbeiten wieder demontiert werden.

Obwohl alle Krane auf ihre speziellen Aufgaben hin konstruiert wurden, haben sie viele Gemeinsamkeiten. Zum Bewegen schwerer Lasten sind ein starkes Mastwerk und ein Arbeitsplatz für den Kranführer nötig; kraftbetriebene Flaschenzüge bewältigen die Hubarbeiten. Die Lasten müssen aufgenommen, geschwenkt und an einem anderen Ort abgesetzt werden können.

Baugewerbe

Diese Merkmale sind allen Kranarten gemeinsam, unabhängig von ihrem Einsatzgebiet. Im Baugewerbe werden Krane zum Bau von Gebäuden und großen Konstruktionen verwendet, im Transportwesen dienen sie zum Beladen und Bergen von Fahrzeugen. Beim Militär verlasten sie schwere Waffensysteme und bergen beschädigte Panzer. Die Raumfähre Space Shuttle kann mit ihrem Ladekran Satelliten aussetzen und aufnehmen. Alle Krane haben eines gemeinsam: Sie heben Lasten und bringen sie an einen anderen Ort. Dennoch weisen sie faszinierende Unterschiede auf.

UNTEN: Ein gewaltiger Schiffsbug steht vor *Samson* oder *Goliath*, einem der riesigen Portalkrane von Harland & Wolff. Das Bauteil soll mit den übrigen Schiffskomponenten verbunden werden.

REKORDGEWICHT

In den 1980er-Jahren erteilte die US Navy einer Werft in Quincy, Massachusetts, den Auftrag über fünf sogenannte Prepositioning Ships. Diese Großschiffe sollen weltweit Unterstützung und Nachschub für Marineoperationen gewährleisten. Ihre mehr als 1000 Tonnen schweren Schiffsaufbauten wurden von einem riesigen, *Goliath* genannten Kran auf Deck platziert – ein Rekordgewicht für Werften in den USA.

Betrieb und Komponenten im Überblick

Obwohl Krane faszinierende Konstruktionen sind, sind sie nicht so kompliziert, wie man zunächst vermutet. Ein Kran besteht aus einem beweglichen künstlichen Hochpunkt, der mit einem Hebezeug ausgerüstet ist – gewöhnlich ein Flaschenzug. Dieser Flaschenzug ermöglicht eine mechanische Kraftverstärkung. Mit anderen Worten: die Fähigkeit, schwerere Lasten zu heben, als die Konstruktion normalerweise tragen könnte. (Oben: Turmkran in New York)

Das Last-Kraft-Verhältnis ist davon abhängig, welche Strecke das Seil zurücklegen muss und wie hoch eine Last gehoben werden soll. Ein einfacher Flaschenzug erreicht einen Wirkungsgrad von 2:1 und kann mit der Kraft von beispielsweise 100 Newton eine Last von 200 Newton tragen. Wird durch Zug am freien Seilende die Last um eine bestimmte Strecke gehoben, muss mit dem freien Seilende zwar der doppelte Weg zurückgelegt, jedoch nur die halbe Kraft aufgewendet werden. Setzt man hingegen einen Flaschenzug mit zum Beispiel vier Rollen ein, beträgt die aufgewendete Kraft nur ein Viertel der Last.

Man stelle sich einen Kran mit einem Last-Kraft-Verhältnis von 10:1 vor. Praktisch bedeutet dies, dass eine Last langsam einen Meter gehoben werden kann, während das freie Seilende einen Weg von zehn Metern zurücklegt. Ein vertretbarer Aufwand, denn gäbe es das Flaschenzugsystem nicht, würde zur Hebung der gleichen Last eine zehnmal so starke Maschine benötigt werden.

Das Hebezeug eines Krans ist gewöhnlich an einem beweglichen Ausleger angeordnet. Ist dieser Ausleger fest mit dem Kranturm verbunden (unten drehender Turmkran), sind seitliche Bewegungen des Auslegers nur über Drehungen des gesamten Kranturms möglich. Bei größeren Turmhöhen und schweren Lasten befindet sich das Drehwerk am oberen Ende des Turms (Obendreher). Der Ballast auf dem Gegenausleger stabilisiert das Kranoberteil. Bei einem modernen Kran dieses Typs läuft das Hebezeug an der Unterseite des Auslegers hin und her, sodass die Lasten zu jedem Punkt innerhalb der Reichweite (Drehkreis) des Auslegers bewegt werden können.

Bei anderen Krantypen wird keine Turm-Ausleger-Konstruktion verwendet, sondern ein auf einem starken Fundament montierter, aufwärtsgerichteter und mittels Hubseil in der Höhe veränderlicher Ausleger. Die Reichweite ist ähnlich wie beim Turmkran. Dieses oder vergleichbare Systeme werden bei Mobilkranen angewendet.

Wird eine schwere Last an der Spitze eines langen Auslegers platziert, ist die Gefahr natürlich groß, dass ein Kran oder eine ähnliche Konstruktion umkippt. Man verhindert dies durch Stützen und Absteifungen. So werden bei einem Mobilkran weit ausladende Stützbeine ausgeklappt, bevor mit den Arbeiten begonnen wird. Andere Krane erhalten solide, mit Gewichten belastete Fundamente oder werden über Kabel mit Erdankern gesichert. Letztere sichern beispielsweise große, schlanke Turmkrane. Ihr Turm ist zwar stark genug, schwere Lasten senkrecht zu bewegen, würde aber, wenn die Verankerung fehlt, bei hohen Querkräften zusammenstürzen. Ebenso verhält es sich mit dem Ausleger. Obwohl er außergewöhnlich stark gebaut ist, kann er eine schwere Last an seiner Spitze nur dann tragen, wenn deren Gewicht durch Auslegerzugstreben abgespannt wird.

Sofern nur Material höchster Qualität verwendet wird, die Konstruktion optimal ballastiert ist und es auch sonst keine Schwachstellen gibt, wird ein Kran problemlos funktionieren. Wenn aber nur ein Element versagt, ist ein Unglück unvermeidlich. Fehlerfreie Konstruktionen und effektive Wartung sind deshalb unerlässlich – bei Lasten von zehn oder mehreren hundert Tonnen gibt es keinen zweiten Versuch.

FÜHRERKABINE
Der Kranführer steuert den Kran, hebt und senkt Ausleger und Hebezeug und dreht Kabine und Ausleger.
GEGENAUSLEGER-BALLAST
Er hält den Kran im Gleichgewicht.
AUSLEGER (ARBEITSARM)
Er trägt die Kranbahn für die Laufkatze, die die Lasten aufnimmt, bewegt und abgibt.
GEGENAUSLEGER
Dieser kürzere Kranausleger trägt Motoren, Elektronik und Ballast.
DREHWERK
Es ermöglicht die Drehbewegungen des Krans.
JARVIS

Geschichte des Krans

Die Ursprünge des Krans gehen zurück auf die einfachen Hebemaschinen unserer Vorfahren, die Lasten mithilfe von Rampen, Rollen und Hebeln bewegten. Sollten Lasten aber gehoben, also vertikal bewegt werden, musste man sie mit Seilen verschnüren und mit einem Gerät heben. Dies führte zur Entwicklung von Seilwinde und Flaschenzug und letztendlich zur Erfindung des Krans.

Wurden starke Hebekräfte benötigt, erwiesen sich Geräte wie Winde oder Kurbel der Muskelkraft weit überlegen. Eine Winde konnte angehalten oder blockiert werden, ohne die Last absetzen zu müssen oder die Arbeiter zu ermüden. Das Aufwickeln des Seils auf eine mit Handgriffen versehene Trommel erleichterte den Hebevorgang weiter – so wurden Winde beziehungsweise Haspel erfunden.

Befand sich oberhalb des zu hebenden Objekts ein geeigneter Verankerungsplatz, konnte eine zusätzliche Kraftverstärkung durch Verwendung eines Flaschenzugsystems erreicht werden. Praktisch waren alle diese Konstruktionen mit Muskelkraft betriebene Krane.

Altertum

Derartige, oft einfallsreich angepasste Geräte waren schon im 5. Jahrhundert v. Chr. im antiken Griechenland bekannt und wurden beim Bau beispielsweise des Parthenons verwendet. So finden sich in den Schriften des Aristoteles Hinweise auf Mehrrollen-Zugsysteme, die zwar nicht eingesetzt, aber in der Theorie als Grundlage mechanischer Kraftverstärkung verstanden wurden.

Kleinere Krane und Winden waren in den Theatern des antiken Griechenland nicht ungewöhnlich und ermöglichten selbst den Göttern dramatische Bühnenauftritte. Diese „mechane" nahmen die Redewendung „Deus ex Machina" vorweg; „der Gott aus der (Theater-)Maschine" erschien mithilfe eines Krans auf der Bühne.

Wie so vieles übernahmen die Römer auch die Kenntnisse des Bauwesens von den Griechen und entwickelten sie ihren Anforderungen entsprechend weiter. Während die Griechen

VERFÜGBARE ARBEITSKRAFT

Die entscheidenden Unterschiede zwischen den antiken griechischen Tempeln und den Pyramiden in Ägypten liegen in den Konstruktionsmethoden. Während im Alten Ägypten unzählige Menschen verfügbar waren, die mit einfachsten Methoden und nur durch ihre gemeinsame Kraft riesige Steinblöcke zogen, musste man sich in den griechischen Stadtstaaten mit weniger Arbeitskräften begnügen. Durch die Erfindung von Hilfsmitteln wie Flaschenzug und Winde konnte ein Mann das Arbeitspensum von mehreren erledigen.

LINKS: Rekonstruktion eines römischen Polyspastos in Bonn, Deutschland. Angetrieben wurde der Kran durch Menschen, die in dem seitlich angeordneten, gigantischen Tretrad liefen. GEGENÜBER: Bau der Akropolis in Athen; um 440 v. Chr.

dazu neigten, alles in möglichst kleinem Maßstab zu erledigen – ihre begrenzten Stadtstaaten ließen ihnen kaum eine andere Wahl –, wählten die Römer einen anderen Ansatz. Sie waren begnadete Organisatoren und benutzten standardisierte Geräte von Spanien bis Syrien, wo immer es möglich war. So ließen sie beispielsweise die Bauteile ihrer Kriegsschiffe an verschiedenen Orten anfertigen und an einem zentralen Platz endmontieren. Auch ihre Krantypen waren standardisiert.

Der einfachste römische Kran war ein Trispastos genannter Dreirollen-Zug (Übersetzungsverhältnis 3:1) aus Hebebaum, Haspel, Seil und Flaschenzug. Schwere römische Krantypen besaßen komplexere Flaschenzüge mit fünf und mehr Rollen sowie oft mehreren Hebebäumen und waren entsprechend leistungsfähiger. Die Römer

UNTEN: Beim Bau der Akropolis von Athen verwendetes Hebezeug (um 400 v. Chr.). Fortschritte in der Hebetechnologie ebneten den Weg für revolutionäre Bautechniken und ermöglichten die Errichtung großer Gebäude ohne Einsatz großer Menschenmassen.

profitierten auch von der Erkenntnis, dass die Hebekraft bedeutend gesteigert werden konnte, wenn man die Winde durch ein großes Tretrad ersetzte. Denn Treträder hatten nicht nur eine weitaus größere Übersetzung, sondern die Männer im Tretrad konnten auch ihr ganzes Gewicht – bei der Haspel nur Arm- und Schulterkraft – in Hebekraft umsetzen und ermüdeten nicht so schnell.

Allerdings gab es auch bei den als „Tretmühlen" bekannten Treträdern Probleme. Die Arbeiter neigten dazu, durch eine seitliche Öffnung im Tretrad hinauszuschauen. Wenn sie mit den Augen dieser sich mit dem Rad drehenden Öffnung folgten, beugten sie den Oberkörper und stürzten. Um solche Unterbrechungen zu vermeiden, war es nicht ungewöhnlich, den Arbeitern die Augen zu verbinden oder Blinde einzusetzen.

Das vermutlich von den Römern erfundene Tretrad behauptete seine Rolle als Standard-Kraftmaschine bis zur Erfindung der Dampfmaschine. Die Römer besaßen aber auch die technischen Fähigkeiten, noch größere Hebemaschinen zum vertikalen Transport außergewöhnlicher Lasten zu bauen. So errichteten sie zum Beispiel einen massiven, hölzernen Hebeturm mit mittig angeordneter Säule. Rund um diesen Turm wurden Ankerwinden platziert, die mit Arbeitern oder mit Zugtieren bedient wurden. Dank dieser kombinierten Kräfte war die Hebeleistung solcher Konstruktionen jedem Tretradkran weit überlegen.

> „Die Römer besaßen die technischen Fähigkeiten zum Bau enormer Hebemaschinen für ihre vielen Großbauten."

UNTEN: Hölzernes Tretrad eines mittelalterlichen Krans. Bemerkenswert sind die dicke Radachse und die dünne Antriebswelle. Diese „Tretmühle" wurde beim Bau des 90 Meter hohen Turms der Kirche St. Georg in Nördlingen benutzt.

Mittelalterliche Krane

Mit dem Zusammenbruch des Römischen Reichs kam der Bau großer, öffentlich-repräsentativer Objekte für lange Zeit zum Erliegen. Krane wurden noch in drei Einsatzbereichen benötigt, sodass das technologische Wissen erhalten blieb.

Der erste war der Bau von Burgen und Befestigungsanlagen. Einfache Palisaden und Erdwälle wichen großen, aus Stein gemauerten Burgen mit hohen Mauern und mehrstöckigen Gebäuden. Ohne Kran wäre es unmöglich gewesen, große Steinblöcke in solche Höhen zu heben und dort exakt zu platzieren. Die Entwicklung des europäischen Festungsbaus beeinflusste auch die Fortschritte im Bauwesen.

Aber auch bei der Errichtung sakraler Bauten übernahmen Krane eine Schlüsselrolle. Ob eine bescheidene Kapelle, eine kleine Kirche oder eine der hoch aufragenden Kathedralen errichtet werden sollte – sie alle waren wegen der großen, offenen Räume weitaus schwieriger zu bauen als Burgen. Weder die damaligen Gerüste noch die dünnen Wände konnten die Krane und ihre Lasten tragen. Deshalb wurden sie nach Fertigstellung eines Stockwerks abgebaut und auf den Dachbalken des nächsten Stockwerks erneut zusammengesetzt. Zusammen mit den Handwerkern „wanderten" die Krane vom Erdboden nach oben und transportierten die Baumaterialen in immer größere Höhen.

OBEN: Dieser Stich aus dem 18. Jahrhundert zeigt das komplizierte System aus Seilen und Flaschenzügen, das für die Errichtung des Obelisken auf dem Petersplatz in Rom verwendet wurde. Moderne Krane bewältigen solche Lasten mit weitaus weniger Aufwand.

LINKS: Der Obelisk auf dem Petersplatz ist 25 Meter hoch und 326 Tonnen schwer. Im Laufe der Jahrhunderte wurde er mehrfach umgesetzt. Selbst der Transport in Einzelteilen war eine höchst anspruchsvolle Aufgabe.

OBEN: „Alter Krahnen" von 1413 im Binnenhafen von Trier, der ältesten Stadt Deutschlands. Dieser Steinturmdrehkran wird von zwei Treträdern angetrieben. Auf vertikaler Holzachse ist das Kegeldach drehbar konstruiert. Der Arbeitsarm wird von Zugstreben gestützt, während ein zweiter Ausleger als Balanceelement dient.

Fast alle erhalten gebliebenen mittelalterlichen Krane befinden sich noch heute in Kirchtürmen oberhalb des Gewölbes und unter dem Dach. Man ließ sie dort zurück, um sie bei nötigen Reparaturarbeiten jederzeit zum Heraufheben des Materials nutzen zu können.

Bei massiven Bauwerken wie Burgen, Festungen und Kirchen waren Krane unverzichtbar. Unfälle auf diesen nach heutigen Maßstäben lebensgefährlichen Baustellen waren an der Tagesordnung, sei es aufgrund von menschlichem Versagen oder Materialmängeln. Denn so fortschrittlich die Krane für ihre Zeit auch waren, so wurden sie doch nach Prinzipien konstruiert, deren Gesetzmäßigkeiten ihre Erbauer damals noch nicht kannten.

Viele dieser Konstruktionen waren sogenannte Tretradkrane – eine Technologie, die entweder eine Weiterentwicklung der Haspel oder des Wasserrads beziehungsweise eine Wiederbelebung des römischen Krans nach Berichten über römische Maschinen war. Einmal in Rotation gesetzt, wirkte die Tretmühle durch ihr Gewicht wie ein Schwungrad, sodass die „Radläufer", hoch bezahlte Facharbeiter, nicht nur eine gleichmäßige Drehgeschwindigkeit, sondern auch eine „ruhige" Bewegung der Lasten beibehalten konnten. Dabei funktionierte dieses technische Meisterwerk ohne Hydraulik oder Motorkraft, sondern arbeitete einzig und allein mit Achsen, Seilen und anderen einfachen Elementen.

Diese Baukrane waren primär für vertikale Hebevorgänge geeignet. Sie sollten schwere Lasten möglichst ohne Schwenkungen auf einen höheren Platz hieven. Der Vorteil war, dass keine verstärkten Ausleger für horizontale Arbeiten benötigt wurden und nicht zu befürchten war, dass der Kran unter einer ausgeschwenkten Last zusammenbrach.

RECHTS: Moderne Rekonstruktion eines mittelalterlichen Drehkrans im Hafen von Brügge, Belgien. Das Original wurde 1288 gebaut. Krane dieses Typs kamen ab etwa 1250 in Nordeuropa in Gebrauch.

„Arbeitsunfälle passierten ständig, aufgrund von menschlichem Versagen oder Materialmängeln."

Dritter Einsatzbereich des Krans war der Seehandel. Kleine Schiffe konnten von Lastenträgern be- und entladen werden. Als aber größere Schiffe mit breiten und tiefen Laderäumen die Norm wurden, musste eine Maschine geschaffen werden, mit der Lasten aus den Laderäumen gehoben und sicher an Land beziehungsweise von dort an Bord geschwenkt werden konnten.

UNTEN: Dieser Stich von 1865 zeigt die Arbeiten am Thames Embankment in London. Viele Bauwerke des 19. Jahrhundert sind bis heute erhalten. Von den benutzten Maschinen überlebten leider nur wenige, obwohl sie die Vorläufer der heutigen Technologie sind.

OBEN: Das stählerne Zeitalter. Ein dampfgetriebener Portalkran beim Bau der von Robert Stephenson geplanten Brücke „Britannia" über die Meerenge von Menai, 1849. Erst große technische Fortschritte ermöglichten den Bau dieser Meisterwerke ihrer Zeit.

Krantechnik verändert die Gesellschaft

Um die Konstruktion von Hafenkranen zu rechtfertigen, war ein bestimmtes Verkehrsaufkommen nötig. Waren sie aber errichtet, steigerten sie die Bedeutung des Hafens, weil Handelsschiffe ihn als Tor zu den Märkten der Region nutzten. Dadurch erhöhte sich der Bedarf an Arbeitskräften. Als Folge wuchsen Bevölkerung und Einkommen und veränderten die gesellschaftlichen Strukturen.

Hafen- und Baukrane sind unterschiedliche Konstruktionen. Typische Hafenkrane mussten Lasten nicht nur heben, sondern auch horizontal von einem Platz zum anderen transportieren. Folglich wurden sie drehbar gebaut, unterschieden sich aber auch sonst von Baukranen. Da Hafenkrane in der Antike unbekannt waren, gelten sie als Neuentwicklung des Mittelalters.

Zum Laden und Löschen von Frachtgut direkt am Kai boten sich zwei Krantypen als Lösungen an, die heute noch verwendet werden. Einmal der Bau eines Turmkrans mit einem Ausleger, der viel länger war als die für einfache Hebearbeiten verwendeten. Die meisten dieser Krane waren aus Stein gemauert und demnach nur ortsfest zu betreiben. Ihr Ausleger war auf einer drehbaren Plattform angeordnet, sodass der Kran die Lasten aus dem Laderaum heben, seitlich schwenken und auf dem Kai absetzen konnte. Diese Hafenkrane hatten einen grundsätzlichen Nachteil: Da die Länge des Auslegers unveränderlich war, konnten Frachtgüter nur innerhalb seiner begrenzten Reichweite transportiert werden, was die Lade- und Löscharbeiten stark einschränkte.

Der zweite Krantyp wird Portalkran genannt, weil er seinen Arbeitsbereich wie ein Portal überspannt. Laufkatze und Hebewerk verlaufen horizontal längs der Kranbrücke. Meistens auf zwei parallelen Schienen laufend, können Portalkrane Frachtgüter sehr viel weiter transportieren als stationäre Krane mit begrenzten Auslegern.

Immer schon waren Hafenkrane schneller als ihre auf Baustellen eingesetzten Pendants, deren Geschwindigkeit durch den verhältnismäßig langsamen Arbeitsrhythmus der Maurer bestimmt wurde. Um den Verladeprozess zu beschleunigen, besaßen Hafenkrane gewöhnlich zwei

LINKS: 1882 begann der Bau der Sagrada Familia in Barcelona. Heute werden Renovierungsarbeiten von modernen Wunderwerken erledigt – von oben drehenden Turmkranen. Ihr nächster Einsatzort ist sicher profaner: Büros oder Appartements.

OBEN: Eine technische Revolution: Der erste Containerkran mit direkter Verbindung von Schiff und Kai eröffnet 1958 den Weg zur schnellen Verlastung riesiger Frachtmengen. Inzwischen sind Containerkrane in großen Häfen ein alltäglicher Anblick.

OBEN: Der Bau des Panamakanals war eine außergewöhnliche Leistung. Der Maschinenpark umfasste über 100 Löffelbagger, 160 Lokomotiven und 4000 Waggons. Im Führerstand eines Krans beobachtet US-Präsident Theodore Roosevelt die Arbeiten.

gemeinsam parallel drehende und mit zwei Windenknechten besetzte Treträder.

Auch in anderen Arbeitsbereichen wurden Krane wichtig. Hochseeschiffe holten ihre Anker mit Ankerwinden ein, Beiboote an Bord oder leichtere Frachtgüter aus längsseits gegangenen Booten. Riesige Werftkrane stellten die Masten von Segelschiffen auf, während die Masten Flaschenzügen als Basis dienten, um Ausrüstungsgegenstände und Ersatzteile an Bord zu hieven. Diese breite Nutzung der Hebetechnik hatte großen Einfluss auf moderne Technologien.

MARKTBEHERRSCHUNG

Erst 1880 wurde in den USA eine Kranbaufirma gegründet: Industrial Works in Bay City, bekannt auch als Industrial Brownhoist. 1883 baute sie einen dampfbetriebenen Eisenbahnkran und entwarf drei Jahre später ein heute noch gültiges Konzept für Eisenbahnkrane. 100 Jahre später, 1983, schloss das Unternehmen seine Tore.

Die industrielle Revolution

Während der industriellen Revolution bewirkten umwälzende Veränderungen bei der Eisenbearbeitung, in Industrie und im Verkehrswesen eine gesteigerte Nachfrage nach Hebezeug. Die Verwendung von Gusseisen und die Erfindung der Dampfmaschine ermöglichten den Bau größerer und stärkerer Krane.

Der abrupte Übergang zur maschinellen Erzeugung eröffnete dem Kran ungeahnte Einsatzmöglichkeiten – oft in schwieriger und ungewöhnlicher Umgebung. Erstmals wurden auch Mobilkrane konstruiert, die sich aus eigener Kraft an ihrem Einsatzort bewegen konnten.

Schwimmkrane waren zwar schon seit Jahrhunderten bekannt, doch erst mit Aufkommen der Dampfkraft konnten sie aufgrund ihrer Beweglichkeit und Kraft überall in Häfen und auf Werften eingesetzt werden. Bei der Eisenbahn wurden Krane auf Güter- oder spezielle Kranwagen montiert und zur Bergung entgleister Fahrzeuge sowie für Bau- und Verladearbeiten verwendet.

OBEN: Container haben den Güterverkehr revolutioniert und den Transport großer Frachtgüter vereinfacht. Hier entlädt ein Kranführer der kirgisischen Eisenbahn einen Containerzug.

Moderne Krane

Moderne Krane erledigen äußerst vielfältige Aufgaben und arbeiten auch an ungewöhnlichen Orten. Angetrieben von Verbrennungs-, Hydro- oder Elektromotoren, werden sie in zahlreichen Typen und Größen gebaut. Krane werden an Bord der Raumfähre Space Shuttle ebenso eingesetzt wie auf dem Meeresboden.

Auch auf alte Technologien wird wieder zurückgegriffen. Als Folge des gestiegenen Umweltbewusstseins haben einige Hersteller Krane konstruiert, die von Schwungrädern anstatt von Dieselmotoren angetrieben werden. Das auf den historischen Tretmühlen basierende Konzept ist zugleich zukunftsorientiert: Moderne Schwungräder werden elektrisch angetrieben und aus hoch entwickelten Materialien gebaut.

Grundtypen moderner Krane

Zu den Mobilkranen gehören Autokrane, auf einem Eisenbahnfahrzeug montierte Schienendrehkrane und Schiffskrane. Sie verfügen meist über einen winkligen Ausleger, obwohl der traditionelle Gittermast fast überall vom Teleskopmast abgelöst wurde.

In Bauwirtschaft und Schwertransportindustrie sind Mobilkrane breit einsetzbare und unentbehrliche Helfer. Aber auch aus dem täglichen Leben sind sie nicht mehr wegzudenken. Ein Beispiel hierfür ist die Lieferung von Geräteschuppen oder Wintergärten direkt an ihren neuen Standort. Ausklappbare, große Stützen garantieren Stabilität, denn ein fester Standort ist für Mobilkrane zwingend notwendig.

Manche Mobilkrane können nur mit einem Raupenfahrwerk bewegt werden. Das hohe Gewicht und der niedrige Schwerpunkt machen Raupenkrane außerordentlich stabil, weshalb sie sich zum Schwerlasttransport viel besser eignen als Autokrane. An Hubschraubern montierte Hebezeuge werden für Sondereinsätze

PANNENSICHERHEIT

Manche Krane arbeiten unter Bedingungen, wo ein Unfall verheerende Folgen haben kann, zum Beispiel in Atomkraftwerken. Deshalb sind Krane so konstruiert, dass das Gesamtsystem beim Ausfall einer Komponente nicht zusammenbricht, sondern Reservesysteme den uneingeschränkten Weiterbetrieb gewährleisten.

OBEN: Manöver an Bord des Flugzeugträgers *USS Theodore Roosevelt.* Ein Bordkran hebt bei einer Übung ein Kampfflugzeug vom Typ F-14 Tomcat vom Flugdeck. Im Ernstfall muss das Flugdeck unbedingt freigehalten werden.

LINKS: Dieses Foto aus den ersten Jahren des Zweiten Weltkriegs zeigt, wie ein zerstörter Schienenstrang mithilfe eines Mobilkrans ausgetauscht wird. Werkstattzüge mit bordeigenem Hebezeug sind für den ungehinderten Eisenbahnverkehr unverzichtbar.

genutzt, wenn zum Beispiel Lasten in unzugängliche Gebiete transportiert oder Verunglückte geborgen werden müssen.

Unter den ortsfest eingesetzten Kranen sind Turmkrane die auffälligsten. Scheinbar viel zu schlank zum Tragen der schweren Lasten, werden Turmkrane an ihrem Einsatzort montiert und stehen dort, bis ihre Aufgabe erfüllt ist. Dann werden sie abgebaut und zur nächsten Baustelle transportiert. Zum Bau hoher Gebäude müssen sie sehr groß sein. Ihr langer Auslegerarm trägt das Hebezeug, der kürzere Gegenausleger den Ballast. Mit dem Ausleger wird das Hebezeug weiträumig bewegt und seitlich geschwenkt, sodass Lasten in einer großen Kreisfläche abgesetzt und aufgenommen werden können.

Portalkrane sind vielseitig verwendbar. Gestützt auf ihre gewaltige Konstruktion und eine horizontale Kranbrücke, können mit Laufkatze und Hebezeug sehr große Lasten transportiert werden. Ortsgebunden und beweglich zugleich, dienen Portalkrane in vielen Frachthäfen zum schnellen Be- und Entladen von Containerschiffen.

Spezialkrane erfüllen alle möglichen Aufgaben; einige von ihnen sind weltberühmt geworden. Zu diesen gehört der Bordkran der *Glomar Explorer*, eines Spezialschiffes zur Bergung eines gesunkenen U-Bootes, oder der „Sling"-Kran, mit dem der Space Shuttle zum Transport auf den Raupenschlepper gehoben wird. Andere Krantypen erledigen „nur" alltägliche Aufgaben, sind aber für Industrie und Wirtschaft unverzichtbar, beispielsweise Bordkrane, mit denen Handelsschiffe ihre Fracht ohne externe Hilfe laden oder löschen können.

Krane gibt es überall und für jeden Zweck. Auf Flugzeugträgern werden sie zum Bergen beschädigter Flugzeuge eingesetzt oder auf Artilleriefahrzeugen zum schnelleren Laden der Geschütze. Hoch über den Straßenschluchten der Großstädte errichtet man mit ihnen die Wohnungen und Büros der Zukunft. Auf den Flüssen nutzt man sie zum Entladen oder Neubau von Frachtern, auf hoher See werden mit ihrer Hilfe Bohrplattformen errichtet oder Wracks geborgen. Im Katastrophenfall setzt man sie ein, um Überlebende aus Trümmern zu retten und diese wegzuräumen. Mit Feuerwehrkranen werden Löschschläuche in unglaubliche Höhen oder über andere Gebäude gehoben, um einen sonst unzugänglichen Brandherd bekämpfen zu können.

TIEFSEEKRANE

Das Spezialschiff *Glomar Explorer* wurde 1973 gebaut, um das 1968 im Pazifik gesunkene, sowjetische U-Boot *K-129* bergen zu können. Die Bergung aus rund 5000 Meter Tiefe war eine neue, äußerst schwierige Herausfordrung. Der Versuch glückte nur zum Teil: Als ein Greifarm des Krans beim Heben des Boots brach, zerbrach auch das U-Boot. Lediglich ein Teil des Rumpfes konnte geborgen werden. Danach diente *Glomar Explorer* als Tiefsee-Bergbauschiff zum versuchsweisen Abbau von Manganknollen und als Bohrplattform bei der Suche nach Ölquellen.

Die Zukunft

Obschon die Zukunft im Dunkeln liegt, werden diese nützlichen Maschinen zweifellos weiterhin Teil unseres privaten und wirtschaftlichen Lebens sein. Schließlich wird man immer schwere Lasten transportieren müssen.

UNTEN: *London Eye*, das höchste Riesenrad Europas, wurde auf der Themse auf „Inseln" liegend montiert und dann von einem Schwimmkran in drei Stufen aufgerichtet – die größte Konstruktion, die je in einem Stück in die Vertikale gehoben wurde.

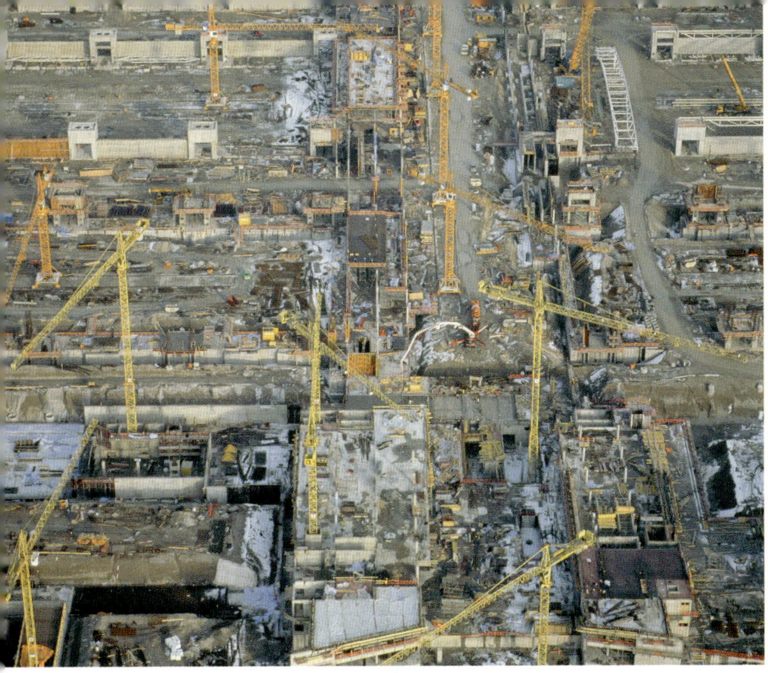

LINKS: Ein Wald von Turmdrehkranen beim Bau des neuen Münchner Messegeländes. Damit sich die vielen Krane dieser Großbaustelle nicht gegenseitig behinderten, waren ihre Standorte sorgfältig geplant und ihre Drehkreise exakt aufeinander abgestimmt worden.

„Hoch über den Straßenschluchten der Großstädte errichten sie die Wohnungen und Büros der Zukunft."

Die technische Entwicklung wird weiter fortschreiten. Es wird neue Werkstoffe und Energien geben, ebenso intelligente Weiterentwicklungen bewährter Technologien. Längst gibt es Turmkrane, die sich selbst montieren können. In den letzten Jahren wurde zudem untersucht, ob und wie Krane und andere Baumaschinen – gleich Industrierobotern – Wohngebäude im Wesentlichen selbstständig errichten können.

Aber trotz aller Innovationen blieb die Krantechnik über die Jahrhunderte fast unverändert. Immer noch ist der Kran das ideale Instrument zum Bau hoher Konstruktionen und zum Transport schwerer Lasten. Art und Nutzen der Güter mögen sich geändert haben, doch Menschen aus dem antiken Griechenland würden vermutlich auch heute noch die Funktion eines modernen Krans erkennen. Dagegen wäre es ihnen sicher ein Rätsel, warum Menschen Krane besteigen und sich – nur gesichert durch ein um ihre Knöchel geschlungenes Gummiseil – von oben in die Tiefe stürzen. Zumindest das ist innovativ ...

UNTEN: Beim Bau des Opernhauses von Sydney waren enorme Herausforderungen zu bewältigen. Technische Schwierigkeiten behinderten die Arbeiten von Anfang an. Schließlich wählte man große Fertigbauteile, die von Kranen platziert wurden.

Von der Antike bis heute

Antike und Mittelalter

Um 5000 v. Chr. Früheste Belege für einfaches Hebezeug wie Rampen und Hebel

Um 500 v. Chr. Einführung von Hebemaschinen in Griechenland nachweisbar

Um 350 v. Chr. Erfindung des Mehrrollen-Zugs in Griechenland

Um 200 v. Chr. Einsatz des „Greifers des Archimedes", angeblich gegen römische Schiffe bei der Verteidigung von Syrakus

Um 100 Römisches Reich: Erfindung der Tretradkrane

Um 1100 Schwungräder bei Hebemaschinen allgemein in Gebrauch

Um 1225 Wiedereinführung von Tretradkranen in Europa

Um 1240 Einführung von hölzernen Hafenkranen in Kontinentaleuropa

Um 1340 Einführung von Drehkranen in Europa

Um 1400 Erste Turmkrankonstruktionen in Europa

Um 1700 Einsatz großer Turmkrane zum Aufstellen von Schiffsmasten

Mittelalterliche Baustelle

19. Jahrhundert

1819 Gründung der Mechanischen Werkstätten Harkort & Co. (Vorläufer der Demag)

1874 Erfindung der Gliederkette

1880 William D. Ewart gründet die Link-Belt Machinery Company

1880 Gründung der Bucyrus Foundry and Manufacturing Company

1882 Gründung der Franklin Manufacturing Company (Vorläufer von Terex American)

1883 Industrial Brownhoist (später fusioniert mit American Hoist & Derrick) baut den ersten dampfbetriebenen Bergekran

1885 American Manufacturing Company (Vorläufer von Terex American) lässt Reibtrommel patentieren

1886 American Manufacturing Company lässt Crosby-Clip (Gerät zur Sicherung von Stahlkabeln) patentieren

1886 Industrial Brownhoist baut den ersten dampfbetriebenen Schienenkran nach einem heute noch verwendeten Schema

1888 Gründung der Link-Belt Engineering Company

1890 Entwicklung eines dampfbetriebenen Kohlebaggers durch die Link-Belt Company

1894 Gründung von Lorain

1895 American Hoist & Derrick Company (Vorläufer von Terex American) führt mobile Derrickkrane ein und baut den bis 1914 größten Schienenkran der Welt

Eiffelturm, Paris 1888

1900–1929

1905 American Hoist & Derrick Company wird international

1906 Gründung der Maschinenindustrie Ernst Halbach (Vorläufer von Gottwald Port Technology GmbH)

1906 Gründung der Link-Belt Company (Fusion aus Link-Belt Machinery und Link-Belt Engineering)

1910 Formierung der Deutsche Maschinenbau-Aktiengesellschaft aus Mechanische Werkstätten Harkort & Co. und anderen Firmen

1910 Gründung der KONE Corporation (Vorläufer von Konecranes)

1920 Umbau des Schlachtschiffs *USS Kearsarge* in *USS Crane Ship No 1*

1923 American Hoist & Derrick konstruiert den ersten Raupenkran durch Umrüstung von Schienenkranen auf Raupenlaufwerke

1923 Ransomes & Rapier erproben einen Kran mit Benzinmotor und Gummirädern

1925 Manitowoc Cranes baut die ersten Raupenkrane mit Gittermast

1928 Gründung von Potain

Assuan-Staudamm, Ägypten 1899–1902

1930–1949

1932 Gründung von Palfinger als Schlosserei und Fahrzeugreparaturwerkstatt

1933 KONE Corporation baut elektrogetriebene Hallendeckenkrane

1936 Link-Belt entwickelt Hydrauliksteuerung

1944 Gründung der HIAB GmbH; hier Bau der ersten Autokrane, die ihre Energie vom Unterwagenmotor beziehen

1945 Gründung von National Crane

1947 Gründung von Grove in den USA

1947 KONE Corporation beginnt mit dem Bau von Hafenkranen

1949 Gründung von Liebherr

1949 Stapellauf des Bordkrans Derrick Barge 4 zur modularen Errichtung von Ölplattformen, Traglast 150 t

Golden Gate Bridge, USA 1934–1936

Schon um 5000 v. Chr. wurden einfache Hebevorrichtungen verwendet; wann die ersten Krane entwickelt wurden, ist unbekannt. In der modernen Welt sind Krane für die Bauindustrie unverzichtbar. In dieser chronologischen Übersicht werden die Entwicklungsschritte der Kranbauindustrie von der Antike über das Mittelalter bis in die Gegenwart dokumentiert.

1950–1969

1950 Demag baut den ersten Kran mit Teleskopmast

1952 Gründung von Sennebogen

1956 Leo Gottwald KG baut den ersten Hafenmobilkran

1956 Demag baut den ersten vollständig geländegängigen Kran der Welt

1956 Peiner baut den damals mit 100 m Höhe weltweit größten Turmkran

1957 Sennebogen baut seinen ersten gummibereiften Seilbagger für Kohleverladung

1959 Palfinger beginnt Kranproduktion

1962 Gründung von Favelle Favco in Australien

1962 Sikorsky baut den ersten Kranhubschrauber

1963 Demag baut den ersten Autokran mit Teleskopmast

1963 Entwicklung verbesserter Off-Shore-Baukrane, die auf Rümpfen von Öltankern montiert werden

1964 Palfinger spezialisiert sich auf Autokrane mit hydraulischen Knickarmen

1965 American Hoist & Derrick erfindet mit Seilen verspannte Derrickkrane zur Steigerung der Hebekraft von Raupenkranen

1965 Demag baut einen straßentauglichen Autokran mit Teleskopmast

1965 Demag baut den ersten Raupenkran mit Ausleger in Rohrgitterkonstruktion

1967 Gründung von PPM (Potain Poclain Matériel)

1968 Grove baut den ersten Drehkran auf geländegängigem Lkw-Fahrgestell

1968 Gründung von Bendini (Vorläufer von Terex-Bendini)

Gateway Arch, USA 1963–1965

1970–1989

1970 Grove konstruiert den ersten trapezförmigen Ausleger

1971 Hitachi Construction Machinery baut den ersten vollhydraulischen Raupenkran

1974 *Glomar Explorer* birgt Wrackteile eines U-Boots aus der Tiefsee

1976 American Hoist & Derrick baut den zu der Zeit größten Kran der Welt: M-3000, ein Bordkran mit 3000 t Traglast

1976 Palfinger patentiert den Knickarm

1976 Sennebogen offeriert den ersten vollhydraulischen Mobilkran mit hydraulisch bewegter Fahrerkabine

1978 Stapellauf der ersten Halbtaucher-Schwimmkrane

1979 Demag baut den (damals) stärksten Raupenkran mit Gitterausleger, Traglast 800 t

1980 Palfinger beginnt mit dem Bau von Unterwasserkranen

1981 Hitachi Construction Machinery bildet eine Allianz mit Tadano Ltd. zum Bau von Raupen- und Autokranen

1981 Space Shuttle absolviert ersten Flug mit bordeigenem Greifer „Canadarm"

1982 Sennebogen offeriert seinen ersten Pedestal-Kran für Schrottumschlag

1982 Demag führt den Abspannbock „Superlift" als Teleskopmast-Stabilisierung ein

1984 Demag baut den ersten achtachsigen Autokran, Traglast 300 t

1987 Demag baut den (damals) stärksten Gittermast-Raupenkran, Traglast 1000 t

1988 Gottwald fusioniert mit Demag

1988 KONE Corporation formiert die Abteilung Kone Cranes Division

1989 Bendini fusioniert mit PPM Group (heute Terex-PPM)

World Trade Center, USA 1966

1990–heute

1990 Demag baut den weltweit stärksten Teleskopmast-Autokran, Traglast 500 t

1990 Sumitomo Heavy Industries baut den ersten vollständig geländegängigen Kran

1990 Sennebogen offeriert den ersten Pedestal-Kran mit Raupenfahrwerk

1993 Demag offeriert den ersten vollständig geländegängigen Kran

1994 Gründung von KCI Konecranes

1995 Terex Corporation übernimmt PPM Cranes

1997 Favelle Favco übernimmt Krøll Cranes

1998 Demag baut den stärksten Gittermast-Raupenkran, Traglast 1600 t

1998 Palfinger lässt Aktives Schwingungsdämpfungssystem (AOS) patentieren

1998 Terex Corporation übernimmt American Crane, Peiner und Gru Comedil

1999 Demag offeriert den weltweit stärksten Teleskopmast-Autokran, Traglast 650 t

1999 Terex American (ehemals American Crane Corporation bzw. American Hoist & Derrick Company) eröffnet neuen Geschäftsbereich für Raupenkrane

2002 Hitachi und Sumitomo gründen Hitachi Sumitomo Heavy Industries Construction Crane Co.

2002 Terex Corporation übernimmt Demag-Mobilkrane

2005 Hitachi Sumitomo Heavy Industries Construction Crane Co. bringt geländegängige ATX-Krane auf den Markt

2006 Zusammenführung der Demag Cranes & Components GmbH und Gottwald Port Technology GmbH zur Demag Cranes AG

Chek Lap Kok Airport, Hongkong 1996

Moderner Turmkran, London

1913

YD-26 Schwimmkran

Wellman-Seaver-Morgan wurde 1903 gegründet, war im 20. Jahrhundert sehr erfolgreich und ist auch heute noch sehr aktiv, wenn auch unter anderem Namen. Das Unternehmen baute einige große Schwimmkrane und Anlagen für die Schwerindustrie, wie zum Beispiel Erzverladebrücken.

YD-26 war ein großer, 1913 montierter Schwimmkran, den die US Navy bis 1995 nutzte. Er war als elektrisch betriebener Ganzstahlkran mit 150 Tonnen Hebekapazität konstruiert und auf einem 43 Meter langen und 27 Meter breiten Ponton mit einer Verdrängung von 2334 Tonnen montiert. Da er keinen Eigenantrieb besaß, musste er von Marineschleppern an seinen Arbeitsplatz bugsiert werden.

Vielseitig verwendbar

Schwimmkrane dieses Typs können weit vor der Küste zahlreiche Aufgaben erfüllen, zumeist bei Bauprojekten oder Bergeeinsätzen. *YD-26* wurde bei der Versorgung und Überholung von Kriegsschiffen eingesetzt, darunter Kreuzer und Schlachtschiffe aus beiden Weltkriegen.

Der Einsatzort von *YD-26* waren die Marinewerften von Norfolk, Virginia/USA, wo im Lauf der Jahre viele Kriegsschiffklassen gebaut wurden. Er wurde im April 1995 ausgemustert und vom Defense Reutilization and Marketing Service (DRMS) zum Verkauf ausgeschrieben; 2005 kam er in Privathand.

Technische Daten

Verdrängung: 2334 t
Länge: 43 m
Breite: 26,5 m

Höhe

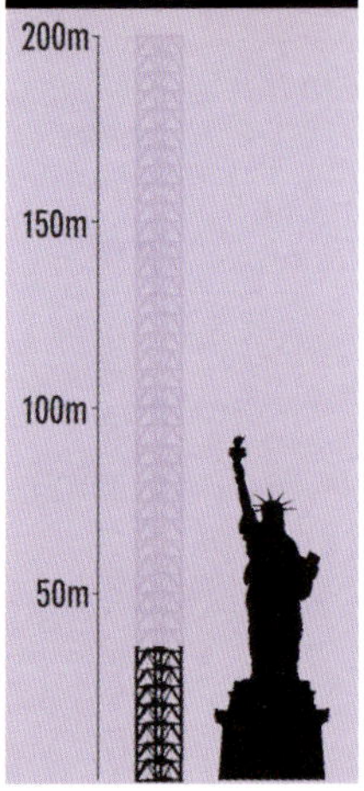

UNTEN: Imposant statt elegant – dank seiner gigantischen Konstruktion konnte der Schwimmkran *YD-26* komplette Geschütztürme von und an Bord der Schlachtschiffe heben.

Konecranes STS

Containerschiffsklassen werden ständig vergrößert, in der Länge und in der Breite. Dieser Entwicklung müssen auch die Containerumschlagkrane (STS) angepasst werden, damit sie weit genug über das Schiff reichen und die Container an Land heben können.

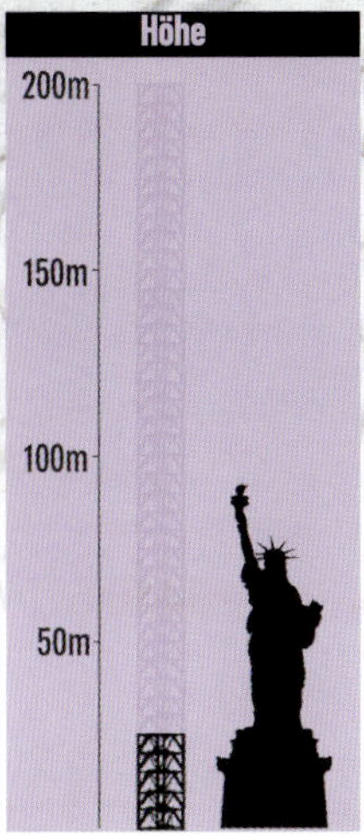

Containerfrachter werden nach Größenklassen unterschieden. Panamax-Schiffe können die Schleusen des Panamakanals noch passieren, Postpanamax-Schiffe hingegen sind dafür zu groß.

Da die breiteren Postpanamax-Schiffe 18 statt 13 Containerreihen an Deck haben, erfordert ihre Entladung Containerumschlagkrane größerer Arbeitsauslage. Die geplanten Super-Postpanamax-Schiffe sollen sogar Container in bis zu 24 Reihen transportieren können.

RECHTS: Der hydraulische Greifarm ist hier deutlich zu sehen. Im Gegensatz zu den ersten Greifarmen mit fester Länge können moderne Versionen Container von 6 bis 16 Meter Länge aufnehmen.

STS im Einsatz

Folglich produzieren die Hersteller STS (Ship-to-shore crane) mit sehr großer Arbeitsauslage; viele Hafenbehörden haben schon Containerkrane für die zu erwartenden Super-Postpanamax-Schiffe bestellt. So arbeiten im Hafen von Savannah, USA, neben kleineren Containerkranen bereits vier gigantische Konecranes STS.

Wie aus einer Studie über zukünftige Super-Containerschiffe ersichtlich ist, werden diese Frachter STS mit entsprechender Arbeitsauslage benötigen. Die Abhängigkeit ist gegenseitig: Ist das Schiff zu groß, kann seine Ladung nicht gelöscht werden, und ein riesiger Kran stellt eine überflüssige Investition dar, wenn die Arbeit auch von einem kleineren erledigt werden kann.

FAKTEN Aus Europa hat Konecranes viele Bestellungen über STS für Postpanamax-Schiffe erhalten. Zwei sind bereits für den neuen Ostsee-Containerterminal in Gdingen, Polen, gekauft worden, um die vorhandenen Panamax-Krane zu ergänzen.

Technische Daten

Tragkraft:
40–70 t

Arbeitsauslage:
30–65 m

Harland & Wolff Portalkrane

Die bekannte nordirische Werft Harland & Wolff wurde 1861 gegründet. Längst liegt der Schwerpunkt des Unternehmens aber nicht mehr im Bau, sondern in Entwurf, Reparatur und Umrüstung von Schiffen. Heute ist H & W auch als Brückenbauer bekannt.

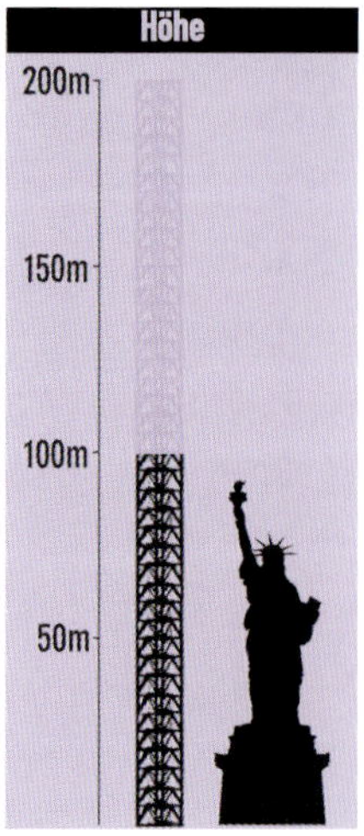

Seinen guten Ruf verdankt das Unternehmen in erster Linie den Luxuslinern der White Star Line – *Olympic*, *Britannic* und natürlich der *Titanic*. Andere Projekte umfassten Fracht- und Spezialschiffe sowie Flugzeugträger und im Zweiten Weltkrieg auch Bombenflugzeuge.

Heutzutage baut Harland & Wolff unter anderem große Öltanker und Containerschiffe sowie Spezialschiffe für die Öl- und Gasindustrie. Die Konstruktion solch großer Schiffe wäre ohne riesige Portalkrane unmöglich gewesen, und so entstanden 1969 beziehungsweise 1974 die gigantischen *Goliath* und *Samson*.

Biblische Riesen

Ein riesiges Trockendock überragend, hebt jeder dieser Krane Lasten von bis zu 840 Tonnen; sogar 1000 Tonnen wurden getestet. Bei einer Spannweite von jeweils 140 Metern ist *Goliath* 96 Meter und *Samson* 106 Meter hoch. Es ist nicht schwierig, zu erraten, warum sie nach übermächtig starken, biblischen Persönlichkeiten benannt wurden.

FAKTEN Eine Zeit lang schien es, als ob *Samson* und *Goliath* für den Bau eines Flugzeugträgers und des Luxusliners *Queen Mary 2* benötigt würden. Da diese Aufträge an andere Firmen gingen, wurden beide stattdessen beim Bau einiger großer Öltanker und Containerschiffe eingesetzt. Da Harland & Wolff seit 2003 keine Schiffe mehr gebaut hat, werden beide Krane vielleicht bald ausgemustert.

Technische Daten

Spannweite: 140 m	
Tragkraft: 840 t	
Hubhöhe: max. 70 m	

OBEN: In Belfast sind *Samson* und *Goliath* Hoffnungsträger, die selbst in wirtschaftlich und politisch schwierigen Zeiten den Wohlstand sichern helfen.

Halbtaucherschiffe

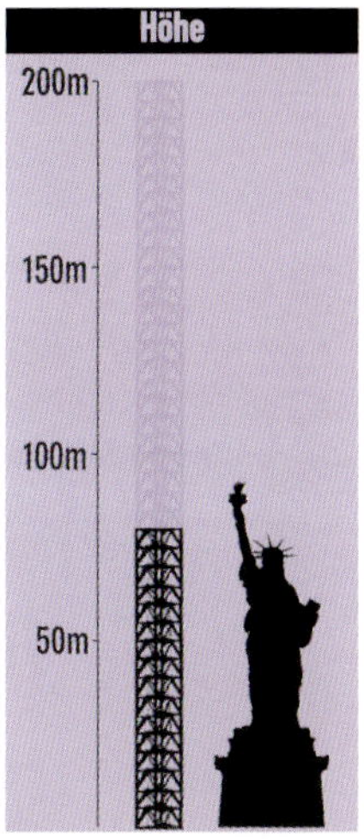

Als Halbtaucher konstruierte Schwimmkrane kommen beim Bau von Öl- und Gasbohrinseln zum Einsatz. Die ersten für solche Aufgaben verwendeten Schwimmkrane waren umgerüstete Öltanker, die sich unter den Einflüssen von Wind und Wellen aber als unzulänglich erwiesen. Man benötigte eine spezielle Konstruktion, und so wurde das Halbtaucherschiff entwickelt, das durch Fluttanks stabilisiert wird.

Halbtaucher sind große Kranschiffe, die sich aus eigener Kraft zu ihrem Einsatzort bewegen. Dort werden ihre Fluttanks, Zellen genannt, nach Bedarf mit Wasser gefüllt, sodass eine trotz Wind und Wellen stabile Arbeitsplattform entsteht. Bei Kraneinsätzen mit schweren Lasten auf hoher See ist Stabilität äußerst wichtig.

Hermod und *Balder*

Weltweit gibt es nur wenige Halbtaucherschiffe. Als erste wurden 1978/79 *Hermod* und *Balder* gebaut. Die *Balder* wurde 2001 für Bauarbeiten in tiefen Gewässern umgerüstet, während die *Hermod* in den 1980er-Jahren überarbeitet und ihre Leistungsfähigkeit stark erhöht wurde.

Die beiden stärksten Schwimmdrehkrane mit jeweils mehr als 7000 Tonnen Traglast befinden sich an Bord des Halbtauchers *Thialf*. Es gibt noch stärkere Schwimmkrane, die aber nicht drehbar sind. Stabilität ist bei Drehkranen ein Kernproblem, da ein Fehler zum Kentern führen kann.

FAKTEN *Hermod* hatte zunächst einen 3000-Tonnen-Drehkran auf der Steuerbordseite sowie einen 2000-Tonnen-Drehkran an Backbord. Später wurde die maximale Last auf 5000 Tonnen bzw. 4000 Tonnen erhöht. Hierzu erhielt das Schiff zusätzliche entfernbare Gegengewichte.

Technische Daten

Länge des Schiffs: 137 m

Breite: 86 m

Steuerbordkran: nutzbare Hubhöhe 81 m

Hubhöhe unter Wasser: 3000 m (Hilfshubwerk)

Backbordkran: nutzbare Hubhöhe über Arbeitsdeck 92 m (Haupthubwerk)

Noch ragt das Halbtaucherschiff *Hermod* hoch aus dem Wasser. Bei Arbeiten auf See werden die Zellen geflutet, sodass *Hermod* viel tiefer im Wasser liegt.

Konecranes RMG

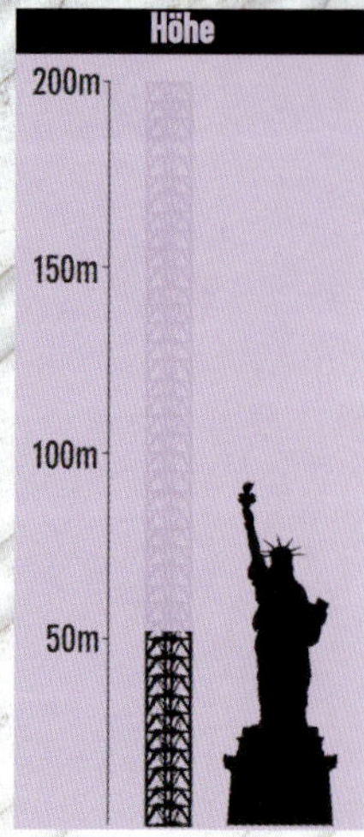

Der RMG (Rail-Mounted Gantry) ist ein schienengebundener Portalkran für den Containerumschlag. Er kann mit einem eigenen dieselelektrischen Antrieb oder über eine zentrale Energieversorgung betrieben werden, ein Vorteil in Verbindung mit modernen Technologien.

OBEN: Den Schienen verdankt der RMG seinen Namen. RMGs sind zwar weniger flexibel als andere Portalkrantypen, dafür an ihrem Arbeitsplatz aber auch effektiver.

Wirtschaftlichkeit ist ein zentraler Aspekt im modernen Warenverkehr. Als Kostenfaktor gilt neben Geschwindigkeit auch die möglichst effiziente Nutzung von Energie, beim Transport ebenso wie beim Umladen der Güter. Jede Arbeit stellt eine Umwandlung von Energie dar. Kranmotoren wandeln elektrische Energie in Bewegungsenergie um, sobald sie einen Kran in Bewegung setzen. Normalerweise kommt ein Kran durch die natürliche Friktion irgendwann zum Stehen. Dabei wird mechanische Energie in Wärmeenergie umgesetzt, die jedoch ungenutzt bleibt.

Theoretisch wäre es möglich, exakt nur die Energiemenge zu erzeugen, die für das Bewegen zum gewünschten Platz benötigt wird. Das ließe sich allerdings nur sehr langsam und mit großem technischen Aufwand realisieren. Folglich wird der Kran am Zielort gewöhnlich einfach gebremst.

Aber auch das Bremsen eines Körpers ist grundsätzlich nichts anderes als Energieverschwendung. Die Bewegungsenergie wird nutzlos vergeudet – und dies oft unter fürchterlichem Quietschen.

Elektrische Regeneration

Bei modernen RMG-Kranen wird der Bremsprozess zur Regeneration von Elektrizität genutzt. Ein Elektromotor kann auch als Generator dienen: Eingespeister Strom wird in Bewegung umgewandelt; wird der Motor aber durch Drehung angetrieben, entsteht Strom. Moderne Krane setzen ein System ein, mit dem diese Energie gespeichert und nutzbar bleibt.

So wird Energie zum Lastenhub benötigt, während das Absenken „umsonst" ist, weil Schwerkraft Lasten nach unten zieht. Aber auch hierbei dient der Regenerationsprozess zur Minderung des Gesamtverlustes. Bei optimaler Nutzung elektrischer Energie kann im Kranbetrieb weitgehend auf Hydrauliksysteme verzichtet und der Lasthandlingprozess durch Reduzierung von Kabeln und beweglichen Teilen vereinfacht werden. Bedenkt man die lange Nutzungsdauer eines Krans, sind allein schon die Einsparungen an Zeit und Geld für Wartungsarbeiten beträchtlich.

UNTEN: Die unter der Kranbrücke angeordnete Fahrerkabine bietet einen freien Blick auf den Arbeitsbereich, was zur sicheren Bewegung der Lasten unerlässlich ist.

Technische Daten

Spannweite: 19–50 m
Hubhöhe: 1 über 3 (12,6 m) – 1 über 5 (18,4 m)
Arbeitsauslage: max. 15 m

UNTEN: Ein RMG in voller Größe. Die gewaltigen geraden und winkligen Stützstreben verstärken die Hauptstruktur auf den Achsen, die parallel zu den Schienen liegen. Die „Arbeitsseiten“ sind offen.

1984

Kranschiff *Gopher State*

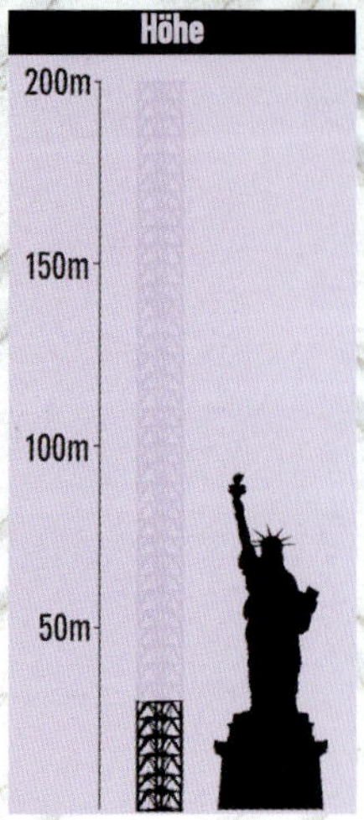

Seestreitkräfte schützen die Seewege selbst in entlegenen Winkeln des Globus. Aber nicht nur schnittige Zerstörer und Fregatten demonstrieren Seemacht, sondern auch Hilfsschiffe, die kaum dem militärischen Bild entsprechen.

„Amateure studieren Taktik, Profis studieren Logistik." – Zweifellos sind militärische Operationen ohne gesicherte Nachschubwege für Soldaten, Material und Versorgungsgüter zum Scheitern verurteilt.

Deshalb stellte die US Navy im Rahmen ihrer globalen Strategie einige Containerschiffe in Dienst. Damit war zwar der Transport großer Mengen militärischer Nachschubgüter gewährleistet, aber nicht gesichert, dass in Krisengebieten auch geeignete Hafenanlagen vorhanden waren. Konsequenterweise mussten die Frachter deshalb einen eigenen Hafen mitführen.

Kranhilfsschiffe

Daher werden die Frachter von Kranhilfsschiffen (Auxiliary Crane Ships, ACS) begleitet, die die Ladung im Bestimmungshafen löschen. Das ACS liegt dann zwischen Kaimauer und Frachter; die Bordkrane heben die Container aus dem Laderaum des Frachters über das Kranschiff hinweg und setzen sie auf dem Kai ab.

Die *Gopher State* – Spitzname des US-Bundesstaates Minnesota – ist gegenwärtig auf Guam stationiert, kann aber jederzeit dort eingesetzt werden, wo sie vom US-Militär benötigt wird.

FAKTEN Die *Gopher State* kann selber auch größere Frachtmengen transportieren. Wichtig sind jedoch vor allem ihre vier paarweise an Steuerbord platzierten Krane, jeder mit einer Hebekapazität von 30 Tonnen. Werden zwei Krane gekoppelt, können sie mühelos einen M1-Kampfpanzer an Land heben.

Technische Daten

Verdrängung: 31 500 t

Länge: 203 m

Arbeitsauslage: 23 m

Krane: 4 mit jeweils 30 t Tragkraft

UNTEN: Die paarweise angeordneten Krane können einzeln, zu zweit oder zu viert gemeinsam operieren.

Kranschiff *Cornhusker State*

Der Gedanke, Schiffe für ACS-Einsätze umzubauen, ist nicht neu. 1920 wurde als erstes das veraltete Schlachtschiff *USS Kearsarge* zum *Crane Ship No. 1* umgerüstet, indem ein 10 000 Tonnen schwerer Kran aufgesetzt wurde. Moderne Umbauten sind eleganter.

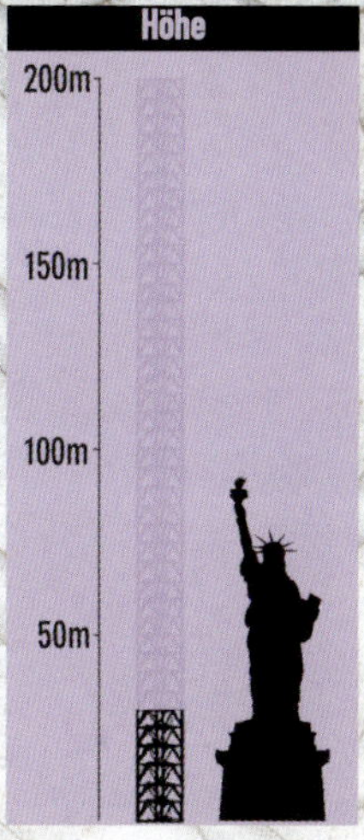

Bei der US Navy wird die *Cornhusker State* als *ACS-6* geführt. Das ehemalige Containerschiff war ein Schwesterschiff der *Gopher State*. Beide wurden, wie die *Flickertail State*, von 1969 bis 1973 auf der Werft Bath Iron Works gebaut. Zwei Dampfturbinen verleihen ihnen eine Höchstfahrt von 20 Knoten. Damit sind sie fast so schnell wie die Containerschiffe, die sie begleiten.

Flickertail und *Beaver*

Neben der *Flickertail State* (Erdhörnchen) und *Cornhusker State* betreibt die US-Marine insgesamt zehn ACS. Als „Reservist" mit hoher Einsatzbereitschaft wird die *ACS-10 Beaver State* (Biber) bereitgehalten. Alle Schiffe dieser Klasse sind nach US-Bundesstaaten benannt: Sie führen allerdings nicht ihre offiziellen Namen, sondern ihre Spitznamen.

Die nach Nebraska benannte *Cornhusker State* (Maisspeicher) entstand 1987 durch Umbau der *SS Stag Hound*. Ihr Heimathafen ist in Virginia, USA. Sie ist in nur fünf Tagen einsatzbereit.

FAKTEN Jedes Jahr prüfen Thailand und die USA im Rahmen des gemeinsamen Manövers „Cobra Gold" die Einsatzbereitschaft ihrer Land-, See- und Luftstreitkräfte im Konfliktfall. Neben mehr als 20 000 Soldaten und ihrer Ausrüstung nahmen auch Schiffe der ACS-Klasse – darunter die *Gopher State* und die *Keystone State* – an „Cobra Gold 2002" teil.

Technische Daten

Verdrängung: 31 500 t

Länge: 203 m

Arbeitsauslage: 23 m

Krane: 4 mit jeweils 30 t Tragkraft

UNTEN: Beim Löschen der Ladung liegen die ACS-Schiffe zwischen Kai und Frachter, wobei sie die Container über ihr eigenes Deck heben.

1994

PACECO Transtainer

Transtainer sind mobile Portalkrane. Sie werden eingesetzt, um Container auf kurzen Strecken zu transportieren und sie im Zwischenlagerbereich zu verschieben.

Technische Daten

Nennlast: 50 t
Hubhöhe: 21 m (6 Schichten + Überführung)
Spannweite: 28,65 m (8 Reihen + Ladegasse)

Höhe

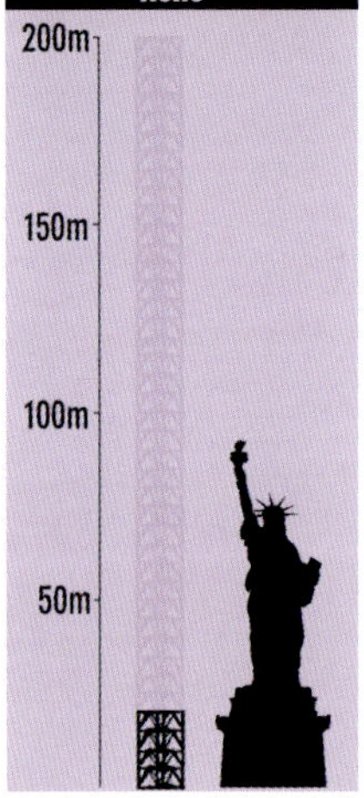

Transtainer der Firma PACECO haben ein Hubvermögen von bis zu 50 Tonnen. Je nach Ausführung können sie Container in acht Reihen nebeneinanderstapeln, wobei sie in der Mitte eine Verladegasse offen lassen. Mit der Fähigkeit, bis zu sechs Container übereinanderzustapeln, tragen diese Portalkrane wesentlich zur optimalen Raumnutzung im Hafengebiet bei, wo der Stapelplatz meist knapp bemessen ist.

PACECO baut seine Transtainer entweder gummibereift (RTG) oder schienengebunden (RTM). Naturgemäß sind RTGs beweglicher und vielseitiger verwendbar als ihre schienengebundenen Verwandten.

OBEN: Hier sind zwei Transtainer zu sehen, bereit zum Transport und Verladen der Container.

UNTEN: Transtainer ermöglichen – wenn sie mit Standardcontainern arbeiten – eine sehr wirtschaftliche Nutzung des Hafengebiets.

Sie können auf einem Rad drehen und sind sehr beweglich, obschon ihr Aufbau an einem neuen Arbeitsplatz viel Zeit beansprucht. Beide Varianten können durch dieselelektrische Bordsysteme angetrieben werden. RTMs können ihre Energie aber auch über Elektrokabel direkt vom Hafen beziehen.

FAKTEN Im September 2001 verunglückte ein Transtainer im Hafen von Los Angeles. Da das Frachtaufkommen in der Weihnachtszeit stark erhöht war, hatte die Hafenbehörde den Einsatzbereich des Transtainers erweitert und in einem Gebiet genehmigt, wo normalerweise keine Container gestapelt wurden. Dort brach der Oberflächenbelag unter dem Gewicht ein, und der Kran kippte um. Ernsthaft verletzt wurde niemand.

Konecranes RTG 16W

Die KONE Corporation wurde 1910 gegründet und hat seitdem insbesondere Krane gebaut, aber auch Aufzugsanlagen und Rolltreppen.

Seit 1994 firmiert KONEs Arbeitsbereich für Krane und Kranausrüstung als selbstständiges Unternehmen unter dem Namen Konecranes. 2005 lieferte Konecranes rund 20 Prozent aller gummibereiften Containerkrane (RTG) weltweit.

RTG-Krane sind mobile Portalkrane. Aus den abgestellten Containern greifen sie den benötigten heraus und transportieren ihn zum Zielort. Dort angelangt, wird der Container dank der großen Arbeitsreichweite des Krans exakt abgesenkt. Natürlich kann die Arbeitsauslage von fünf bis acht Containerreihen nicht mit der Reichweite einer Containerbrücke konkurrieren. Der RTG gleicht diesen „Mangel" aber durch seine Beweglichkeit aus.

Auf den Einbau von Hydrauliksystemen, die in der Seeluft sehr anfällig sind, wurde aus Wartungsgründen weitgehend verzichtet. Der RGT rollt auf 16 Rädern und hat auch beim Transport eines beladenen Containers einen verhältnismäßig geringen Bodendruck. Das soll Schlaglöcher verhindern, senkt das Unfallrisiko und folglich auch den Wartungsaufwand.

FAKTEN RTG-Krane sind in vielen wichtigen Containerterminals weltweit im Einsatz. So betreibt beispielsweise der Hafen von Savannah, USA, 21 RTG-Krane mit einer Hubkapazität von je 40 Tonnen; im Hafen von Houston, Texas, arbeiten 34. Mithilfe dieser Krane können große Mengen von Containern schnell auf Lkws und Züge verlastet werden.

Technische Daten

Tragkraft: max. 50,8 t
Hubhöhe: 21 m
Breite: 29 m (8 Reihen + Ladegasse)
Räder: 8 oder 16

Höhe

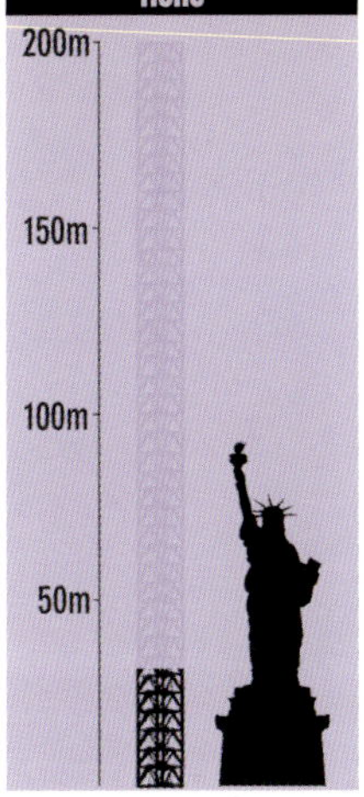

RECHTS: Geparkte Portalkrane mit Gummibereifung (RTG) im Hafen von Houston, Texas.

1997

PACECO Brückenkran

FAKTEN In den 1960er-Jahren entwickelte PACECO den ersten Teleskoprahmen. Eine Hydraulik gewährleistet, dass der Rahmen schnell und sicher am Container verriegelt werden kann. Seitdem ist der Teleskoprahmen das Standardmittel zur Lastaufnahme im Containerumschlag. Anfangs noch starr konstruiert, lässt sich der Teleskoprahmen inzwischen auf unterschiedliche Containerlängen einstellen.

Eine andere Lösung für das Stapeln von Containern bietet der Brückenkran. Er fährt auf Schienen, die parallel auf einem Rahmen oder an den Hallenwänden montiert sind.

Auf parallel aufgeständerten Schienen gleitend, kann ein Brückenkran mit einer größeren Arbeitsauslage als ein mobiler Portalkran konstruiert werden. Denn Gefahren, die beladen operierenden Kranen drohen, etwa auf unebenen Wegen, sind beim Brückenkran weitgehend eliminiert.

Bewegliche Brücke und Laufkatze

Dank seiner Brückenkonstruktion läuft der Kran über die ganze Länge der Schienen. Die Laufkatze ist entlang der Brücke seitlich verfahrbar und kann somit jeden Punkt des Umschlagplatzes erreichen. Das Hubwerk der Laufkatze ist vertikal absenkbar. Der Teleskoprahmen kann auf die Länge des Containers eingestellt und zum Heben in den Eckbeschlägen verriegelt werden. Brückenkrane sind zwar ortsgebunden, arbeiten aber aufgrund ihrer soliberen Basis schneller als RTGs. Brückenkrane der Firma PACECO können bis zu acht Container übereinander und in zwölf Reihen stapeln. Üblicherweise bleibt in der Mitte eine Zufahrt für Fahrzeuge offen.

UNTEN: Der Brückenkran lässt den Lkw winzig erscheinen. Dieser Gigant stapelt Container sechs Reihen hoch und 13 nebeneinander.

Technische Daten

Nennlast: 40 t
Hubhöhe: 26 m (8 Schichten + Überführung)
Spannweite: 43,6 m

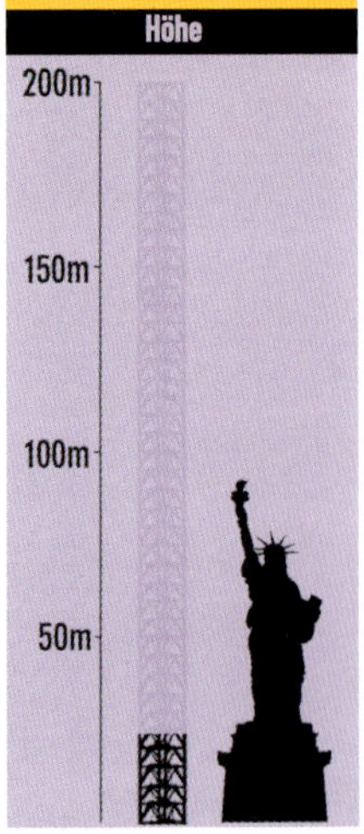

Gottwald Fachwerkportalkran WSG

Seit Fracht in Containern transportiert wird, sind zahlreiche Güterterminals für See- und Binnenschifffahrt, Straße und Schiene entstanden – und ihre Zahl wächst ständig.

UNTEN: Bei diesem Kran ist das Führerhaus an der Laufkatze angehängt und wird mit ihr bewegt.

Die Leistungsfähigkeit eines Containerterminals beruht auf der Anzahl der Container, die pro Stunde umgeschlagen werden können. Dabei spielen Portalkrane eine entscheidende Rolle.

Gottwald hat bei der Konstruktion seiner Fachwerkportalkrane der Baureihe WSG unterschiedliche Bauweisen kombiniert. So werden das Portal in Fachwerk- und die Stützen in Kastenbauweise ausgeführt. Damit bleibt das Gesamtgewicht des Krans niedrig, was schwächere Fundamente erlaubt. Dies spart Geld und Platz.

Umweltfreundlicher Betrieb

Die Krane, die speziell für das Güteraufkommen in Binnenhäfen konstruiert sind, können einen Standardcontainer mit zwölf beziehungsweise zwei mit sechs Metern Länge gleichzeitig umschlagen. Sie können aber auch für den Umschlag anderer Güter, wie Stück- oder Schüttgut, modifiziert werden. Sie sind dafür ausgelegt, dass sie sich in die komplexen, rechnergesteuerten Logistiksysteme moderner Hafenanlagen oder Terminals einbinden lassen. In einer Zeit sich ständig verschärfender Umweltgesetze ist auch ihr geräuscharmer Betrieb bedeutsam.

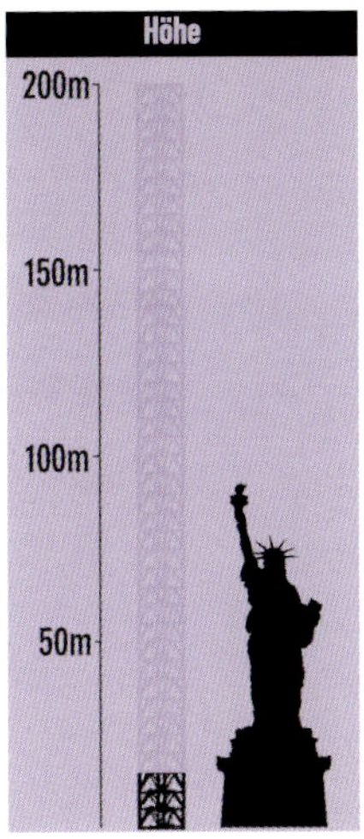

FAKTEN Gottwald verwendet ein ausgeklügeltes Bremssystem, bestehend aus einer elektrischen Betriebs- und einer federbelasteten Standbremse. Die Betriebsbremse nutzt sich kaum ab, weil sie automatisch nur dann greift, wenn der Kran zum Stehen kommt. Damit wird verhindert, dass der Kranführer das Anziehen der Bremse vergisst und einen Unfall verursacht. Die Standbremse kann auch als manuell zu betätigende Notbremse dienen.

Technische Daten

Spurweite: 44 m

Ausleger Wasserseite: 26 m

Ausleger Landseite: 13 m

Hubhöhe: 1 über 4 Container (16 m)

Tragkraft des Seilhubwerks: 52 t (Containerumschlag) bzw. 60 t (Schwerlastbetrieb)

2007

Yantai Raffles Der Riese aus China

Auf seiner Werft im chinesischen Yantai am Gelben Meer begann Yantai Raffles Shipyard Ltd. (YRS) 2001 mit dem Bau des größten Portalkrans der Welt. Die Region Yantai gilt als ein Zentrum der internationalen Werftindustrie.

Yantai Raffles Shipyard baut eine breite Palette von Schiffen, meistens für im Küstenvorfeld tätige Öl- und Gasunternehmen. Dazu gehören unter anderem Hubinseln und Halbtaucher, aber auch Versorgungsschiffe und Schwerlastschwimmkrane.

Der Portalkran, dessen Bau 2001 begann, überragt das 120 Meter breite und 380 Meter lange YRS-Trockendock. Seine beiden Portale sind 89 und 122 Meter hoch, die Spannweite beträgt 120 Meter, die Hubhöhe 70 Meter. Bei einer Hebekapazität von je 10 000 Tonnen kann dieser Gigant Lasten von bis zu 20 000 Tonnen transportieren. Diese Leistung reicht aus, um das Deck einer voll ausgestatteten Ölbohrplattform in einem Stück zu heben.

Pure Kraft ist eine Sache, aber ein solch komplexes Projekt erfordert äußerste Präzision. Der YRS-Portalkran besitzt 92 Hebevorrichtungen und kann sehr sperrige Lasten heben und exakt an ihrem Bestimmungsort absetzen.

10 000 Tonnen in der Luft halten

Eine Ölbohrplattform auf diese Art und Weise an ihren Einsatzort zu bringen ist geradezu revolutionär. Damit wird die bisherige gefährliche und kostspielige Montage vor Ort bald der Vergangenheit angehören, und man wird auf die Hälfte der Arbeiter verzichten können.

Auf den im November 2007 fertiggestellten Giganten warten bereits einige Aufträge. Beginnen soll er mit einer 10 500 Tonnen schweren Last für das Bohrschiff *OffRig Pioneer*. Dieser Halbtaucher wird im Auftrag der OffRig Drilling ASA gebaut und nach seiner für 2008 geplanten Auslieferung primär vor Norwegens Küste in bis zu 800 Meter tiefem Wasser nach Öl und Gas bohren.

LINKS: Der Hauptlasthaken dieses riesigen YRS-Pedestal-Krans kann 2000 Tonnen bis zu 95 Meter hoch heben. Der winzig wirkende zweite Haken hebt 200 Tonnen sogar auf 135 Meter Höhe.

FAKTEN Der größte Vorläufer des YRS-Portalkrans hatte eine Hebekapazität von 1500 Tonnen. Für die Kockum-Werft im schwedischen Malmö gebaut, wurde er 2002 von Hyundai Heavy Industries erworben. Hyundai ließ den Kran demontieren und nach Südkorea verschiffen. Heute wird er im Offshore Construction Yard in Ulsan eingesetzt.

Diese imposante Zahl wird gewiss bald von stärkeren „Gewichthebern" übertroffen. Mittelfristig plant die Industrie, noch größere und sperrigere Lasten zu transportieren.

Der *OffRig Pioneer* sollen weitere acht halbtauchbare Ölplattformen folgen, wobei Lasten von 10 000 bis 16 000 Tonnen zu erwarten sind. Zurzeit geht die OffRig Drilling ASA davon aus, dass Yantai Raffles jährlich zehn Ölbohrplattformen bauen kann.

LINKS: Noch ein Rekord: Der YRS-Pedestal-Kran ist der weltgrößte seiner Art. Er ist auf einem 40 Meter hohen Betonsockel montiert.

UNTEN: Die Montagehalle rechts im Bild verdeutlicht die Größe des Portalkrans von YRS.

Technische Daten

Tragkraft: max. 20 000 t
Höhe über alles: 122 m
Spannweite: 129 m
Hubhöhe: 70 m

Dreggen Schwenkkran

Die Schiffskrane von Dreggen werden für unterschiedliche Spezialaufgaben eingesetzt, wie etwa das Aussetzen von Rettungsbooten oder Arbeiten auf Schwimmbaggern.

Dreggen bietet unter anderem Portal-Drehkrane an, die an Bord auf Schienen vor- und rückwärtsbewegt und gleichzeitig geschwenkt werden können. Da sehr viele verschiedene Ausleger und Lastaufnahmemittel verfügbar sind, ist er vielfältig einsetzbar. Krane dieser Art sind von China für Einsätze auf im Bau befindlichen Schwimmbaggern importiert worden. Bei einer maximalen Arbeitsauslage von 15,5 Metern haben sie eine Nennlast von 25 Tonnen. Ihre Aufgabe ist die Unterstützung von Reparaturarbeiten und die Übernahme schwerer Lasten jeder Art an Bord.

Dreggen unterhält gute Geschäftsbeziehungen zu chinesischen Werften und erhielt allein 2003 eine Bestellung über 24 Bordkrane der verschiedensten Kategorien für vier Öltanker und sieben Massengutfrachter. Mehr als 100 Krane wurden an Hudong-Zhonghua Shipbuilding geliefert. Andere Bestellungen aus Singapur und Südkorea umfassen 16 schienengebundene Bordkrane für Halbtaucherplattformen. Ähnliche Plattformen sind auch in Norwegen im Bau.

Technische Daten

Ausladung: 30 m
Windenzugkraft: 40 t
Krangewicht: 12 t
Schwenkgeschwindigkeit: max. 1 U/min
Windenzugkraft mit 4 Strängen: 40 t

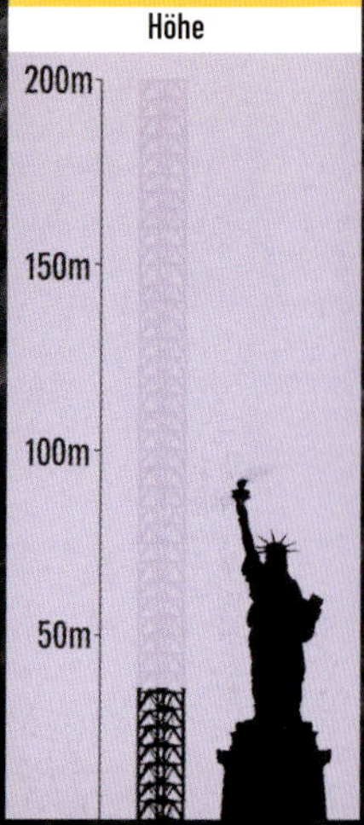

UNTEN: Dreggen-Krane sind vielseitig verwendbar, auch für das Verlegen von Schlauchleitungen. Solche Arbeiten sind beispielsweise bei der Erdölgewinnung von größter Bedeutung.

Dreggen Diesel-hydraulik DKD 160

Technische Daten

Tragkraft: 10 t bei 14 m Reichweite

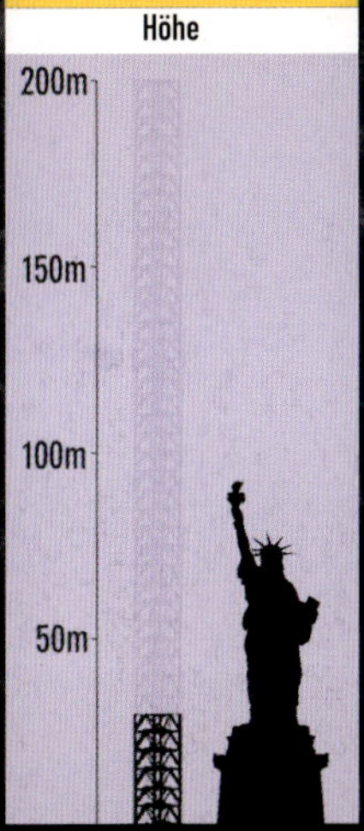

Dreggens „Arbeitspferde" schuften auf Schiffen, auf Off-Shore-Plattformen und in Häfen rund um den Globus. Obwohl sie längst nicht so beeindruckend sind wie die gigantischen Containerbrücken, erfüllen Hafenkrane dieser Kategorie zentrale Aufgaben in einem ziemlich schwierigen Umfeld, oft unter härtesten Bedingungen.

Der große Vorteil dieser dieselgetriebenen Krane ist Unabhängigkeit, da ihre Kraftstoffversorgung verhältnismäßig unkompliziert ist. Wenn ihre Tanks erst einmal gefüllt sind, brauchen sie nicht mehr viel Unterstützung. Das ist besonders vorteilhaft, falls ein Kran weit abgesetzt von den Hauptversorgungseinrichtungen arbeiten muss.

Einsatz im Nildelta

Rund 90 Kilometer vor Ägyptens Nildelta liegen die Gasfelder der West Delta Deep Marine Concession. Der DKD 160 wurde in Betrieb genommen, als 2004 die Ausbeutung der Flüssiggasvorräte begann. Seine bescheidene Tragkraft von zehn Tonnen bei 14 Metern Arbeitsreichweite war damals noch völlig ausreichend. Bei Einsätzen in der Öl- und Gasförderung werden Dreggens Krane auf Wunsch explosionsgeschützt geliefert.

RECHTS: Für Arbeiten auf Gasfeldern wird solch ein explosionsgeschützter Kran eingesetzt. Diese Bezeichnung bezieht sich auf die Schutzvorkehrungen gegen das Auslösen von Explosionen, nicht auf seine Überlebensfähigkeit.

FAKTEN Die Bezeichnung explosionsgeschützt besagt, dass der Kran in gefährlicher Umgebung (Staub, Gasnebel und -dämpfe) keine Unfälle verursachen kann. Zwei Sicherheitsvorschriften (M1 und M2) gelten im Bergbau und drei bei Arbeiten in offenem Gelände: Kategorie 1 schützt bei andauernden, Kategorie 2 bei kurzfristigen und Kategorie 3 bei nur gelegentlich zu befürchtenden Gefährdungen.

2005

PACECO Portainer

Mit dem von PACECO geprägten Begriff „Portainer" werden spezielle Hafenkrane bezeichnet.

FAKTEN Die Einführung genormter Frachtbehälter (Container) revolutionierte Schifffahrt und Güterverkehr. Sie vereinfachte die Beladung und Löschung im Hafen sowie den Transport an Land. Container haben verschiedene Längen, die in Fuß (feet) angegeben werden. Üblich sind 20- und 40-, seit einigen Jahren auch 45-Fuß-Container. Die Maße von Schiffen, Lkws und Kranen sind darauf abgestimmt.

Technische Daten

Tragkraft: 50 t
Arbeitsauslage über Wasser: 56,6 m
Mengenleistung: 30–50 Container/Std.
Schienenspurweite: 30,48 m

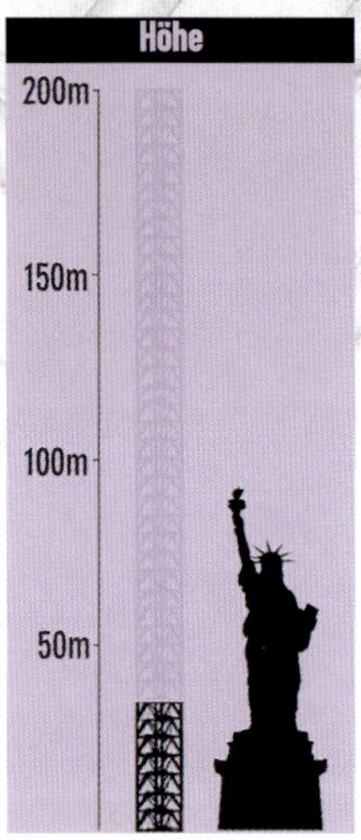

Ein Portainer ist ein spezialisierter Portalkran, der Containerschiffe schnell und einfach beladen oder löschen soll. Die wie eine Brücke konstruierte, schienengebundene Anlage ragt über Schiff und Kai.

Sobald der Kran neben dem Schiff positioniert ist, fährt die Laufkatze über den Laderaum, der Greifer wird abgesenkt und mit dem Container verriegelt; dann transportiert er ihn zum Kai. Dort werden die Container nicht einfach gelagert, sondern zum Weitertransport auf Lkws oder Stapelgeräte umgesetzt.

Portainer sind nicht nur nach ihrer maximalen Tragkraft, sondern auch nach Größe der Schiffe kategorisiert, deren Fracht mit ihrer Hilfe umgeschlagen wird. So kann ein Panamax-Portainer bei jedem Frachter eingesetzt werden, der den Panamakanal befährt.

Postpanamax-Portainer wurden erstmals 1988 eingesetzt; sie be- und entladen jene Schiffe, die für den Panamakanal zu groß sind. Die passenden Portainer für die bald zu erwartenden, noch größeren Containerschiffe der Super-Postpanamax-Klasse sind bereits konstruiert worden. Auch für andere wichtige Schifffahrtsstraßen gibt es entsprechende Kategorien der Schiffsgrößen, beispielsweise für den Suezkanal (Suezmax) oder die Straße von Malakka (Malaccamax).

UNTEN: Dank der großen Arbeitsauslage sind Portainer dieser Kategorie ungewöhnlich starke „Gewichtheber". Beim Güterumschlag ist die geradlinige Bauweise effizienter und sicherer als ein Drehkran.

Gottwald Generation 5 Model 6

Technische Daten

Tragkraft: max. 200 t

Lastmoment: 2599 mt

Arbeitsreichweite: max. 51 m

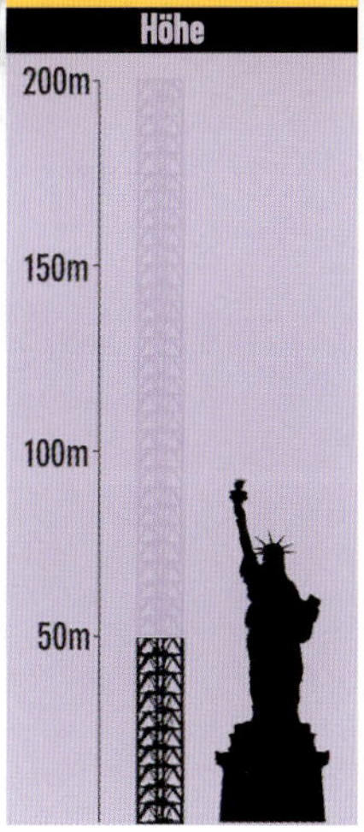

Die seit über 100 Jahren im Kranbau tätige Gottwald Port Technology GmbH ist speziell für ihre Hafenmobilkrane weltberühmt.

Gottwald hat außer dem ersten gummibereiften Hafenmobilkran sogar den ersten Hafenmobilkran überhaupt konstruiert. Heute baut das Unternehmen Krane, deren Komponenten genau aufeinander und auf die jeweiligen Hafensysteme abgestimmt sind. Einige Modelle sind nach dem Baukastenprinzip konstruiert und sehr wartungsarm.

Zugang von unten

Die neue Kranfamilie Generation 5 beruht auf einem einheitlichen Konstruktionsprinzip von Unter- und Oberwagen, Turm und Ausleger. Alle Modelle nutzen einen dieselelektrischen Antrieb, während die restlichen Elemente individuelle Konfigurationen ermöglichen. Sie können mit Ponton, Portal oder gummibereiftem Unterwagen ausgerüstet werden. Bei der Portal-Variante können Lkws oder Güterwagen den Kran von unten anfahren und von oben beladen werden.

Mit rund 420 Tonnen ist Modell 6 das leichteste Mitglied der Generation-5-Baureihe. Wie andere Versionen kann Modell 6 die Antriebsenergie auch von externen Quellen beziehen.

FAKTEN Größter Mobilkran im Hamburger Hafen ist ein Modell 7 der Generation 5; er ist gleichzeitig der erste von Gottwald verkaufte Kran dieser Produktfamilie. In der Bezeichnung „G HMK 7608" versteckt sich die Abkürzung für Gottwald Hafenmobilkran und in der vierstelligen Zahl das Modell, die Hubwerkkonfiguration, die maximale Traglast und die Anzahl der Chassis-Achsen.

RECHTS: Gottwalds Hafenmobilkrane der Generation 5 sind nicht nur beweglich, sondern auch flexibel einsetzbar.

Bucyrus 22RB

Die heute als Bucyrus International bekannte Firma wurde Ende des 19. Jahrhunderts im US-Bundesstaat Ohio gegründet. Im Laufe seiner Geschichte führte das Unternehmen verschiedene Namen, unter anderem Bucyrus-Erie, Marion und Ransomes Rapier.

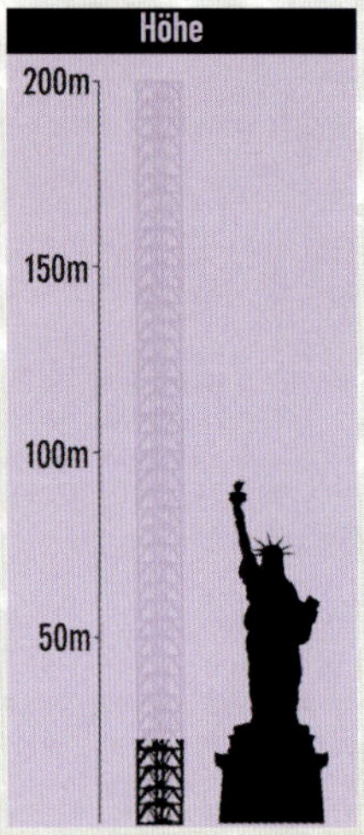

Bucyrus begann als Spezialist für Bergbauausrüstung, wechselte aber zu Erdarbeiten und -maschinen und offerierte eine breite Palette dampf- und motorgetriebener Löffelbagger und Baumaschinen.

Da viele Maschinen die gleichen Bauteile benötigen, war der Schritt zur Eigenkonstruktion konsequent. So bestehen beispielsweise nur geringe Unterschiede zwischen den Laufwerken für Bagger und Krane. Noch geringer sind sie zwischen der Schleppeinrichtung eines Löffelbaggers und dem Hubwerk eines Krans.

Unter den von Bucyrus gebauten „Familien" ist 22RB die leichteste. Dieses außergewöhnlich langlebige Konzept ist dank unterschiedlicher Auslegerkonstruktionen vielseitig verwendbar. Da es ausreichend Ersatzteile gibt, ist es nicht verwunderlich, dass auch sehr frühe Exemplare dieser alten, aber leistungsfähigen Konstruktion noch eingesetzt und sogar aus den 1950er- und 1960er-Jahren stammende, generalüberholte 22RB weiterhin angeboten werden.

OBEN: Die Grundkonstruktion des Raupenkrans ist seit seiner Erfindung fast unverändert geblieben.

FAKTEN 1930 fusionierten Bucyrus-Erie und die britische Firma Ruston & Hornsby zur Ruston Bucyrus Ltd. Seitdem sind mehr als 40 000 Raupenkrane und Bagger gebaut worden. Heute werden Raupenkrane mit einer Traglast zwischen 40 und 135 Tonnen produziert. Größte moderne Konstruktion ist der CH135LJ, dessen Reichweite durch eine Wippspitze vergrößert werden kann.

Technische Daten

Gewicht: 24 752 kg (mit Ausleger und Ballast)
Ballast: 3633 kg
Länge: 3,91 m

IHI CCH500

IHI (Ishikawajima Heavy Industries) Construction Machinery Ltd. baut seit über 50 Jahren Krane und verwandte Maschinen. Die Produktpalette reicht von Mini-Baggern, darunter einige Typen mit Planierschild, über Transporter bis hin zu großen Raupenkranen.

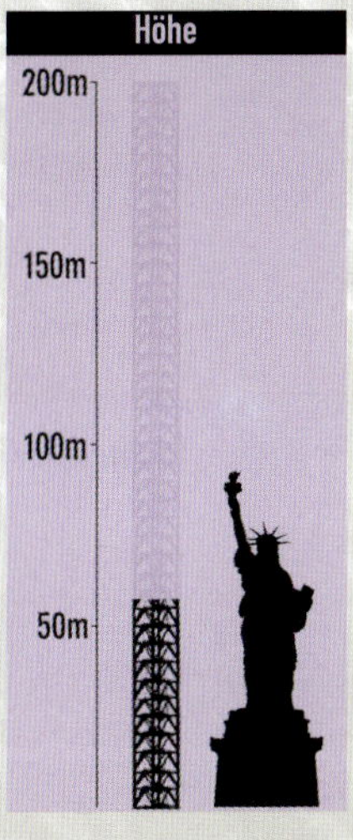

Alle Fahrzeuge sind auf ähnlichen Chassis montiert und laufen auf Ketten. Bei Kranen und Baggern sind solche Fahrwerke üblich, während Transporter gewöhnlich bereift sind.

Mit einer Nenntraglast von 50 Tonnen gehört der CCH500 zu den kleineren Raupenkranen. Der CCH500 ist ein stabiler, zweckmäßig konstruierter Kran, der Ausleger in verschiedenen Ausladungen verwendet. Je nach Arbeitsauftrag sind zwischen 12 und 51 Meter verfügbar.

Als Antrieb dient ein 4-Zylinder-Diesel-Turbolader mit 6728 ccm Hubraum und oben liegenden Zylindern sowie einer Leistung von 132,4 kW (180 PS). Diese Dieselmotoren sind schwer und dienen als Gegengewicht zur Last am Ausleger. Im Vergleich zur Last ist das Gegengewicht sehr nahe am Schwerpunkt des Krans positioniert, weshalb die Stabilität exakt berechnet werden muss.

FAKTEN In jeder Kabine zeigt eine Traglasttabelle, welche Lasten der Ausleger bei den verschiedenen Arbeitsauslagen tragen darf. Dies ist besonders wichtig bei weiten Ausladungen, weil schon kleine Lasten an der Auslegerspitze den Kran zum Kippen bringen können. Schwerlasten dürfen deshalb nur bei kurzer Ausladung transportiert werden.

Technische Daten

Traglast: max. 50 t
Ausladung: max. 51 m
Ausladung mit Wippspitze: max. 57 m (42 m Ausleger + 15 m Wippspitze)
Drehgeschwindigkeit: 3,5 U/min
Fahrgeschwindigkeit: 1,6 km/h
Betriebsgewicht: 49,4 t

RECHTS: Bohrgreifer und Raupenkran sind zwei Einsatzmöglichkeiten der Raupentechnologie. Chassis und Motor können bei zahlreichen ähnlichen Kettenfahrzeugen verwendet werden.

1991

Demag CC 2600

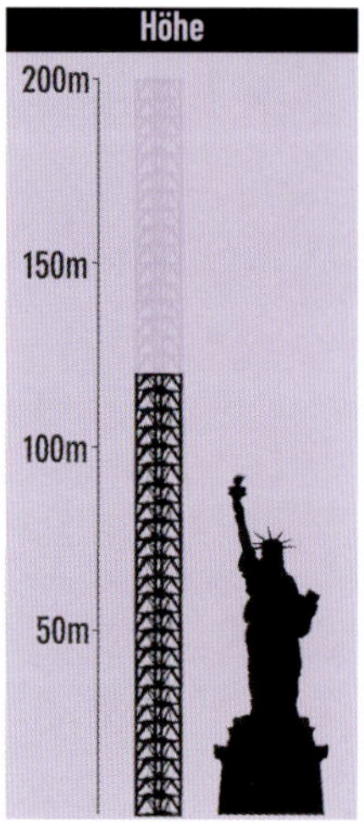

Das heute als Demag bekannte Unternehmen wurde im Jahr 1819 als Mechanische Werkstätten Harkort & Co. gegründet. Nach verschiedenen Veränderungen ging die Firma 1910 in der Deutschen Maschinenfabrik AG (Demag) auf.

Bereits 1906 entstand die Maschinenindustrie Ernst Halbach, heute bekannt als Gottwald Port Technology GmbH. Das Unternehmen, das 1956 den ersten Hafenmobilkran der Welt baute, wurde 1988 durch die Mannesmann Demag AG übernommen und in die Sparte Mannesmann Demag Baumaschinen eingegliedert.

In den folgenden Jahren firmierte das Unternehmen unter den verschiedensten Namen, bis Gottwald Port Technology und Demag Cranes & Components GmbH 2006 unter dem Dach der Demag Cranes AG fusioniert wurden. Schwerpunkte der heutigen Produktpalette sind Hafenmobil- und Fachwerkportalkrane sowie automatisierte Transportsysteme.

Demags CC 2600 ist ein Schwerlast-Raupenkran mit einer maximalen Traglast von 500 Tonnen. Ein Kran dieser Größe ist zwangsläufig groß, schwer und äußerst stabil. Zum Transport sehr schwerer Lasten braucht aber auch der CC 2600 Verstärkung. Der Tendenz der Schwebelast, den Kran zum Kippen zu bringen, begegnet man dadurch, dass mittels Ballast austariert und das Gegenmoment angepasst wird. Als Ballastträger dient meist ein zweiter Ausleger (Derrickausleger).

FAKTEN Der für 600 Tonnen Traglast konstruierte CC 2800-1 benötigt einen 300 Tonnen schweren Superlift-Ballast. Obschon der Ballast gewaltige Schwebelasten ermöglicht, bedeutet dies, dass der Kran insgesamt 900 Tonnen bewegt. Dafür sind entsprechend starke Motoren und Aggregate erforderlich.

Technische Daten

Lastmoment: max. 5958 mt
Traglast: max. 500 t
Ausladung: max. 106 m
Hauptausleger: 18–120 m

LINKS: Dank seiner komplizierten Ausleger- und Gegenauslegerkonstruktion kann der CC 2600 schwerste Schwebelasten in große Höhen transportieren.

Sumitomo SC 350

Während andere Krantechniken in den letzten Jahren rasant weiterentwickelt wurden, scheinen sich Raupenkrane von ihren Vorgängern kaum zu unterscheiden.

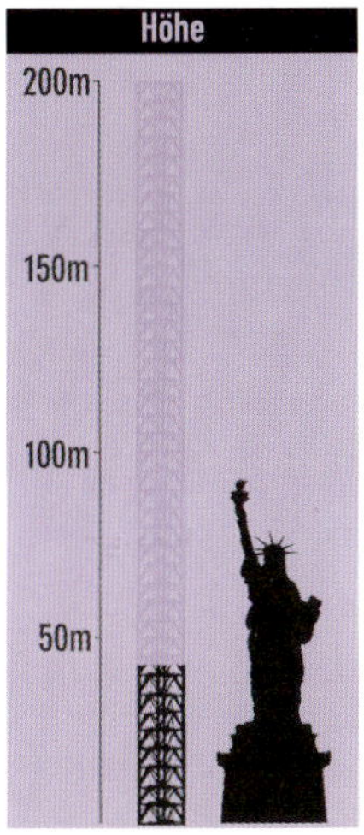

Tatsächlich jedoch kann an der Grundkonstruktion eines Raupenkrans kaum etwas verändert werden: Sie besteht lediglich aus Ketten, Motor, Kabine, Ausleger und Hebezeug. Auch wenn die Werkstoffe verbessert und die Motoren stärker werden, sind grundlegende Änderungen praktisch unmöglich.

Dennoch gibt es genug Potenzial für Verbesserungen. Dank stärkerer Motoren und moderner Werkstoffe können kleinere Krane heute Aufgaben erfüllen, für die früher ein wesentlich größerer benötigt worden wäre. Aber auch kleine Krane müssen so schwer sein, dass eine Schwebelast sie nicht umkippen lässt.

Der Sumitomo SC 350 ist ein verhältnismäßig kleiner Raupenkran, der bei drei Metern Ausladung maximal 35 Tonnen heben kann. Bei einer Auslage von maximal 43 Metern sind seine Einsatzmöglichkeiten dennoch ansehnlich. Obwohl die Traglast des SC 350 durch sein geringes Betriebsgewicht begrenzt ist, erweitert sein geringer Bodendruck besonders die Einsatzmöglichkeiten auf schwachem Untergrund erheblich.

FAKTEN Bei 43,5 Tonnen Betriebsgewicht hat der SC 350 einen Bodendruck von 0,64 kg/m^2. Kettenfahrzeuge haben geringere Bodendrücke als Radfahrzeuge von gleicher Masse, da Raupenfahrwerke das Gewicht über eine größere Fläche verteilen. Folglich können sich viele Schwerlastkrane problemlos in einem Gelände bewegen, in dem sich ein Pkw hoffnungslos festfahren würde.

Technische Daten

Traglast: 35 t
Ausladung: max. 43 m
Raupenfahrwerklänge: 5030 mm
Raupenfahrwerkspurweite: 3300 mm
Leistung: 150 PS (2100 U/min)

OBEN: Kleinere Raupenkrane können dank niedrigem Bodendruck auch auf Untergrund mit geringer Tragfähigkeit eingesetzt werden.

1999

Terex HC 80

Durch zahlreiche Fusionen besitzt die Terex Corporation viele Namensrechte. Als einer der größten Baumaschinenhersteller vermarktet sie Demag-Raupenkrane mit Gittermastausleger für Traglasten von 50 bis 1600 Tonnen und Raupenkrane für 45 bis 600 Tonnen von Terex American.

Technische Daten

Traglast: max. 80 t

Arbeitsauslage Hauptausleger: max. 61 m

Ausladung mit Wippspitze: max. 52 + 18 m

Höhe

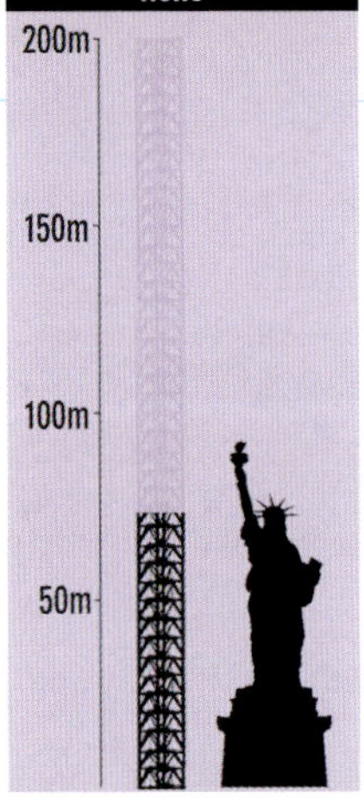

Der HC 80 ist für eine maximale Traglast von 80 Tonnen konzipiert. Er kann wahlweise mit einem 61-Meter-Hauptausleger arbeiten oder mit einem 52 Meter langen Gittermast, der mit Wippspitze 70 Meter, mit Wippausleger maximal 73 Meter Ausladung erreicht. Sein Gegengewicht lässt sich hydraulisch demontieren, was die Transportmöglichkeiten verbessert sowie die Auf- und Abbauzeiten verkürzt. Das Gegengewicht besteht aus drei leicht voneinander zu trennenden Steckblöcken.

Moderne Krane profitieren von den Erkenntnissen aus ergonomischen Studien. Das zeigt sich auch in der Konstruktion des HC 80 und ähnlicher Krane. Seine Steuerung ist leicht zu bedienen. Die lärmisolierte Kabine bietet freie Sicht und ist mit einer Klimaanlage ausgestattet, damit der Fahrer ermüdungsfrei und ruhig arbeiten kann.

Als Antrieb dient ein 6-Zylinder-Dieselmotor mit 144 kW (196 PS) Leistung.

RECHTS: Das Gegengewicht am äußersten Ende der Drehbühne des HC 80 ist deutlich sichtbar.

Sennebogen Tiefbau 660 HD

Sennebogen baut Raupenkrane im Lastenbereich von 30 bis 200 Tonnen. Bei der 600er-Familie ist die Kapazität in den letzten beiden Ziffern der Modellbezeichnung angegeben: „660" zeigt eine Last von 60 Tonnen an.

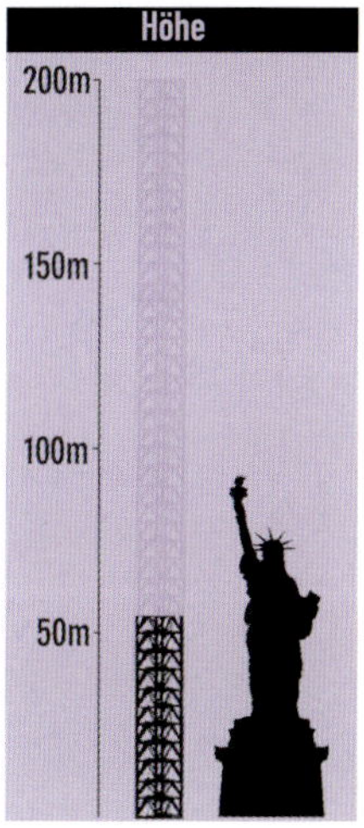

Alle Modelle der 600er-Familie sind vielseitig verwendbar. Sie sind so konstruiert, dass anfallende Aufgaben auch ohne Spezialmaschinen erledigt werden können. Der 660 HD kann für Abbrucharbeiten eingesetzt werden, aber auch als Bohr- und Schlitzwandgreifer. Ermöglicht wird dies durch die vielen Ausrüstungsoptionen, beispielsweise Fallbirne, Greifer oder Schleppschaufel, sodass der Lastenträger quasi zum Bauarbeiter umgerüstet werden kann.

Im Kranbetrieb kann der 660 HD bei einer Arbeitsauslage von vier Metern Traglasten von 60 Tonnen heben, mit einem Spitzenausleger weitere zwölf Tonnen.

RECHTS UND UNTEN: Der 660 HD bei zwei Einsätzen. Diese vielseitig verwendbare Maschine ist als Seilbagger und auch zum Transport von Lasten bis zu 60 Tonnen verwendbar.

Verschiedene Ausladungen von 12 bis 51 Metern sind ebenso möglich wie die Wahl zwischen mehreren Motoren. Der Standarddieselantrieb leistet 194 kW (264 PS); es können aber auch stärkere Motoren von 261 bis 354 kW (355 bis 481 PS) installiert werden.

Technische Daten

Traglast: max. 60 t
Arbeitsauslage: 54,1 m
Winde: 261–354 kW (355–481 PS)

Mammoet Platform Twin Ring

Die niederländische Firma Mammoet ist auf Schwerlastkrane spezialisiert, von denen einige wirklich gigantisch sind. Eingesetzt werden diese Riesen unter anderem bei der Installierung und dem Austausch von Großgeräten in Kraftwerken und Raffinerien. In Schiedam in den Niederlanden unterhält Mammoet ein Schwerlastterminal, wo Objekte wie Kraftwerkgeneratoren, Transformatoren und sogar Atomreaktoren zwischengelagert und für ihre Fahrt zum Bestimmungsort verladen werden können.

OBEN: Die Plattform eines gigantischen PTC mit gewaltigem Ballastpaket und massiven Abspannstangen. Ohne Doppelmast und Derrick könnten die riesigen Lasten nicht bewältigt werden.

Mammoets Kranflotte aus Turm-, Mobil- und Raupenkranen reicht vom kleinen 5-Tonner bis zu einigen der weltgrößten Mobilkrane. Am beeindruckendsten sind gewiss die Krane aus der PTC-Familie.

PTC steht für Platform Twin Ring Containerized, gigantische, 2100 Tonnen schwere Raupenkrane, die eine Last von 1600 Tonnen fast 200 Meter hoch heben können. Sie werden von Dieselmotoren angetrieben, während Hydromotoren dem Fahr- und Windenbetrieb dienen. Diese Riesen können in einer Sekunde nur um ein Grad schwenken, was bei den enormen Lasten aber nicht als Mangel gelten kann.

Auch der Betrieb erfolgt hydraulisch; für einen Kran dieser Größe ist das ungewöhnlich. Mammoets PTCs können ihren Einsatzort als Selbstfahrer jederzeit und ohne vorherige Demontagen wechseln. Breite Raupenketten reduzieren den Bodendruck, und bei unebenem Grund wird das Niveau der Laufrollen automatisch hydraulisch reguliert.

Modulare Bauweise

Ein PTC besteht aus Modulen, die schnell montiert werden können. Auch Wartung und Instandsetzung werden dadurch vereinfacht. Je nach Auslegervariante sind Arbeitsreichweiten bis zu 97 Metern (Hauptausleger) und sogar 163 Metern (mit 87 Meter Hilfsausleger) möglich.

Gegenwärtig betreibt Mammoet fünf PTCs, die schnell demontiert und problemlos an jeden Punkt der Erde transportiert werden können. Zum Transport werden alle Baugruppen in verhältnismäßig kleine Teile zerlegt, die in Standardfrachtcontainer passen. Um einen kompletten PTC zu seinem Einsatzort zu befördern, werden insgesamt 88 Container benötigt. Durch die Verwendung von Standardcontainern sind hierfür weder Sondergenehmigungen noch Schwerlasttransporter nötig.

Wo Frachtcontainer umgeschlagen werden können, kann auch ein PTC befördert werden. So sind beispielsweise zum Transport keine Kabel abzuspulen, auch die Hydromotoren benötigen weniger Platz als vergleichbare Elektrosysteme.

FAKTEN Diese 2100-Tonnen-Krane enthalten mehr als 2000 Meter Elektrokabel, fast 8000 Meter Drahtseil, 1200 Meter Hydraulikleitungen und rund 8000 Liter Hydraulikflüssigkeit. Die Konstruktion eines PTC verschlingt 1000 Tonnen Stahl, dazu kommen 1500 Tonnen Ballast. Zum Anstrich werden 6000 Liter Farbe benötigt.

RECHTS: PTC-Krane werden beim Bau von Atomkraftwerken und ähnlichen Großprojekten eingesetzt, wo sehr schwere Objekte als Ganzes gehoben werden müssen.

Technische Daten

Gewicht: 2315 t
Traglast: 1600 t
Hubhöhe: 200 m
Drehgeschwindigkeit: 360°/8 min

2001

Sennebogen 5500 Star-Lifter

Das Stammwerk der Sennebogen Maschinenfabrik GmbH, die 1952 als Hersteller landwirtschaftlicher Maschinen begann, ist in Straubing angesiedelt. Heute ist das Unternehmen über Zweigwerke, Vertriebs- und Servicepartner weltweit tätig.

1959 wurde das Werk in Straubing und 1991 ein zweites in Wackersdorf eröffnet. In der Zwischenzeit hatte das Unternehmen mit dem Bau von Erdbewegungsmaschinen begonnen. Für den nordamerikanischen Markt wurde im Jahr 2000 in Charlotte, North Carolina, eine eigene Vertriebs- und Servicegesellschaft gegründet.

Sennebogen begründete seinen Ruf mit Hydraulikbaggern und entwickelte 1969 den ersten vollhydraulischen Seilbagger der Welt. Neue Maßstäbe setzte das Unternehmen 1980 mit der Entwicklung des hydraulisch verstellbaren Gelenkauslegers. Obschon ursprünglich für Hydraulikbagger konzipiert, veränderte diese Erfindung auch die Krantechnologie entscheidend.

Die Produktpalette umfasst heute Modellreihen von Seilbaggern, Teleskop-, Auto-, Raupen- und Hafenmobilkranen sowie Materialumschlag- und Spezial-Trägergeräte.

Unter den Sennebogen-Produkten ist der 5500 Star-Lifter mit 180 Tonnen maximaler Traglast einer der stärksten. Sein Ausleger hat eine Arbeitsauslage von bis zu 105 Metern, zudem sind verschiedene Zubehörteile bei Haupt- und

RECHTS: Dieser 5500 Star-Lifter ist mit einer Wippspitze ausgerüstet, die nach Bedarf auf- und abwärtsbewegt werden kann. Stabilisiert wird die Auslegerspitze durch Abspannkabel und -böcke.

OBEN: Die beweglich gelagerte Kabine bietet dem Kranführer auch nach oben freie Sicht – eine große Hilfe bei schwierigen Hebeaufgaben oder bei Arbeiten auf kleinen Baustellen.

Spitzenausleger nachrüstbar. Trotz des hinter der Kabine platzierten Ballasts erfordert der Transport von Schwerlasten bei großen Ausladungen stets äußerste Vorsicht.

Dank Gitterbauweise bietet der Ausleger eine Kombination von Kraft und Leichtigkeit. Da er aber nicht nur sich selbst, sondern auch Spitzenausleger und Hakenlast trägt, kann auch eine noch so ausgefeilte Gitterkonstruktion dieses Gewicht unmöglich allein tragen. Bei 105 Metern Ausladung und Traglasten bis zu 180 Tonnen sind neben dem Ballast noch Mastabspannungen zur Stabilisierung unerlässlich.

Der starre Gittermastausleger und die zum Drehbühnenheck des Krans führenden Abspannkabel bilden ein Dreieck, das dem Zug durch Last und Eigengewicht entgegenwirkt, die den Ausleger nach vorn und unten ziehen. Die verhältnismäßig dünnen Stahlkabel sind stark genug, um Ausleger und Hakenlast abzustützen und zu stabilisieren. Ohne diese Abspannungen würde er trotz seiner robusten Konstruktion zusammenbrechen. Der obere Spitzenausleger wird meist über A-Böcke separat abgespannt und gestützt.

UNTEN: Diese Seitenansicht zeigt alle Arbeitsgruppen: Hauptausleger, Auslegerspitze sowie die stabilisierenden Abspannkabel und -böcke. Der Ballast ist am äußersten Ende der Drehbühne platziert.

FAKTEN Sennebogen produziert neben Kranen auch weitere Fahrzeuge mit Raupenantrieb, beispielsweise Materialumschlaggeräte für die Verladung von Altmetall, Holz oder Schüttgut.

Technische Daten

Traglast: max. 180 t
Ausleger: 105 m
Winde: 120 kN
Leistung: 261 kW (355 PS)

2001

Liebherr LR1160

Raupenkrane verbinden hohe Mobilität mit ausgezeichneten Traglastwerten. Ihr Einsatzspektrum reicht deshalb von einfachen Greifer- und Schürfkübeleinsätzen bis zu allgemeinen Hebetätigkeiten als Hafenkran. Ihr Gewicht und die große Aufstandsfläche ihrer Raupenketten gewährleisten die nötige Stabilität, sodass auf Stützen verzichtet werden kann.

FAKTEN Den Weltrekord für Raupenkrane hält ein Demag CC 12600 mit einer Last von 1498 Tonnen. Zur Unterstützung wurden auch ein Liebherr LR 1550 und ein Demag CC 2800 eingesetzt, die die Last stabilisierten. Schon die geringste Schwingung hätte katastrophale Folgen gehabt.

Technische Daten

Traglast: 160 t bei 3,7 m

Hauptausleger: max. 104,9 m (leicht), 87,5 m (schwer)

Kombination: max. 132,1 m

Liebherrs Raupenkran-Baureihe (LR-Serie) umfasst zehn ähnliche Typen mit Traglasten von 104 bis 1350 Tonnen. Die kleineren Geräte mit Traglasten bis 300 Tonnen sind als Gittermastkrane konstruiert, während für die stärkeren zahlreiche, multifunktionale Auslegersysteme verfügbar sind. Da größere Krane kostspieliger und weniger mobil sind als kleine, ist es für Kranbetreiber nützlich, wenn sie aus einer großen Baureihe das für sie optimale Gerät auswählen können.

Der LR 1160 bietet eine Traglast von 160 Tonnen und ist typisch für diese Art von „Arbeitspferden". Krantypen mittlerer Ausladung sind vielseitig verwendbar und können Material und größere Objekte auf Baustellen transportieren, allerdings nicht mit hoher Geschwindigkeit.

LINKS: Ein LR 1160 mit roten Ballastplatten am Heck. Mit 160 Tonnen Traglast ist der LR 1160 sehr nützlich und verfügt über ausreichende Mobilität für die meisten Aufgaben.

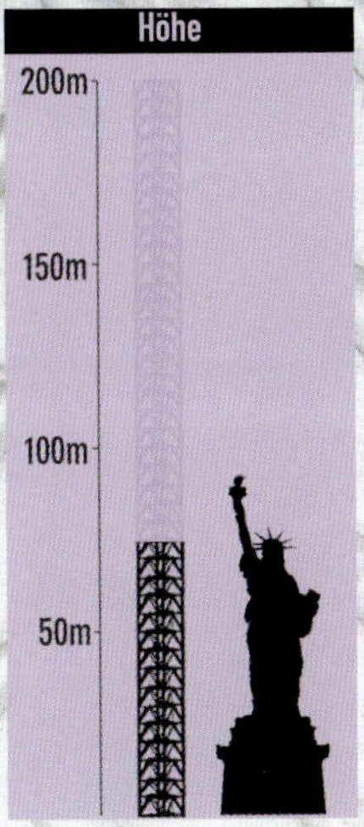

Liebherr HS 885 HD Seilbagger

Liebherrs HS-Serie rundet die LR-Baureihe ab. Sie umfasst sieben Typen mit maximalen Traglasten von 43,5 bis 200 Tonnen. Bei fast unveränderter Konstruktion und weitgehend identischer Ausstattung sind Wartung und Instandhaltung kostengünstig.

Technische Daten

Traglast: max. 130 t bei 3,4 m Ausladung
Hauptausleger: max. 74 m
Auslegerlänge im Schürfkübelbetrieb: max. 33 m
Auslegerlänge im Greiferbetrieb: max. 33 m
Einsatzgewicht: max. 109,4 t

Diese Seilbagger wurden zwar speziell für den Materialumschlag konstruiert, lassen sich aber schnell zum Kran umrüsten. Auch der HS 885 HD ist fast unbegrenzt einsetzbar: Materialumschlag mit Greifer oder Schleppschaufel ist ebenso möglich wie ein Einsatz zur dynamischen Bodenverdichtung oder Abbrucharbeiten. Diese Vielseitigkeit macht die Angehörigen der HS-Serie für Nutzer weltweit besonders attraktiv.

Der Hauptausleger des HS 885 HD ist 74 Meter lang und hebt bei 3,4 Metern Ausladung und einem Einsatzgewicht von bis zu 109,4 Tonnen maximal 130 Tonnen. Die modular konstruierte Maschine hat einen Dieselmotor mit 450 bis 670 kW (600 bis 900 PS) und kann mit Kran, Greifer oder Schleppschaufel schnell umgerüstet werden.

Mit 200 Tonnen Traglast ist der HS 895 HD neuer Spitzenreiter der Serie. Speziell für den Greifbaggerbetrieb konstruiert, wurde sein Oberbau robuster gestaltet und das Auslegeranlenkstück modifiziert. Sein Dieselmotor leistet 670 kW (900 PS).

RECHTS: Die HS 885 HD lassen sich vom Lastenträger zum Materialumschlaggerät oder für Abbrucharbeiten umrüsten.

Kobelco CK2000-II

Kobelco Cranes North America wurde im Herbst 2003 als Tochtergesellschaft von Kobelco Cranes gegründet. Sie ist ihrerseits Teil des japanischen Konzerns Kobe Steel, der 1953 Japans ersten Autokran baute.

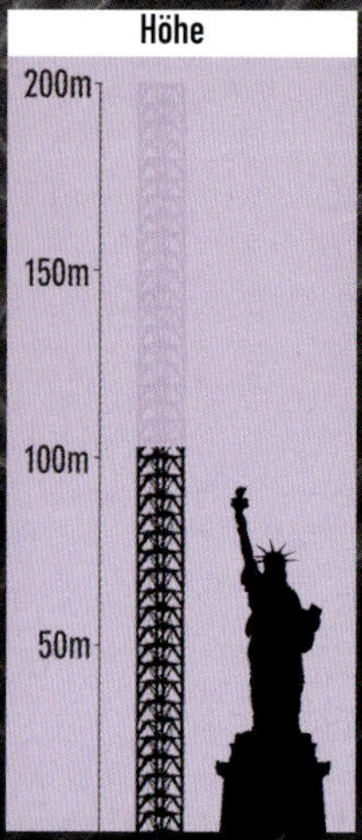

Die nordamerikanische Filiale des Konzerns ist auf Gittermast-Raupenkrane spezialisiert und bietet gegenwärtig fünf Modelle sowie eine Serie von Materialumschlaggeräten auf einem ähnlichen Laufwerk an.

Der CK2000-II wird von einem Dieselmotor mit 372 kW (505 PS) angetrieben und ist für 180 Tonnen Traglast konstruiert. 2005 wurde er mit umfangreicher Ausrüstung als universell einsetzbare Einheit auf den Markt gebracht. Die Ausladung des Hauptauslegers erreicht 85 Meter und kann mittels Hilfsausleger bis maximal 103 Meter verlängert werden.

Kobelco verwendet bei seinen Raupenkranen Nass-Scheibenbremsen mit gesteuertem Ölkreislauf. Dieses Bremssystem hält die Bremsen auch bei längeren Einsätzen kühler und geräuschloser. Es ist selbstregulierend und im Getriebe integriert, wodurch der Verschleiß minimiert wird und Wartungsarbeiten kaum anfallen. Außerdem können größere Seiltrommeln genutzt werden, was den Auf-/Abwickelvorgang optimiert und ein präzises Heben und Senken der Lasten ermöglicht.

FAKTEN Dieser Kran kann ohne fremde Hilfe montiert werden, da der Oberwagen komplett angeliefert wird und über bordeigene Maschinen zur Platzierung von Ballast und Raupenfahrwerk verfügt. Mit einem einzigen vollhydraulischen System werden alle Arbeitsabläufe ausgeführt, auch Selbstmontage und Antrieb.

Technische Daten

Traglast: max. 180 t

Hauptausleger: max. 85,34 m

Kombination: max. 73,15 m (Hauptausleger) + 30,48 m (Hilfsausleger)

Rechts: Die Form des Kobelco CK2000-II wirkt fast futuristisch. Technisch und konzeptionell betrachtet, ist er ebenso fortschrittlich.

Link-Belt 108 H5

Das in Lexington, Kentucky, USA, beheimatete Unternehmen Link-Belt existiert seit über 125 Jahren. Sein Firmenname ist von der Erfindung abgeleitet, die sich William Ewart 1874 patentieren ließ: einem Kettenantrieb mit auswechselbaren Gliedern.

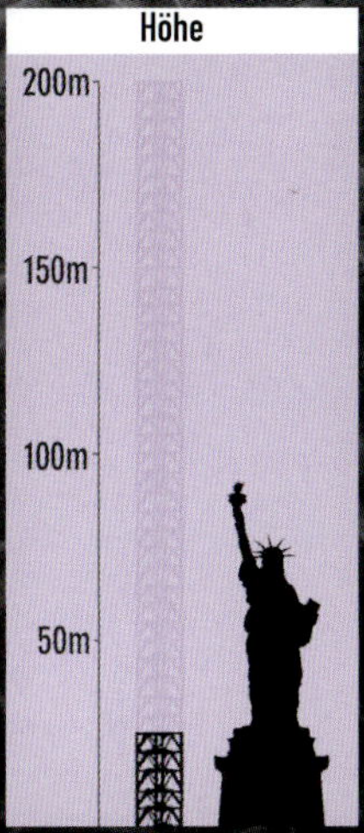

Die ursprünglich für landwirtschaftliche Maschinen gedachte Erfindung verbesserte die bisherigen Kettenantriebe erheblich, weil schadhafte Glieder auf dem Feld schnell und leicht ausgetauscht werden konnten.

Ewart gründete zwei Unternehmen, 1880 Link-Belt Machinery und 1888 Link-Belt Engineering. Erst nach und nach erkannte er, bei welchen Maschinen sein Kettenantrieb genutzt werden konnte, unter anderem bei Kranen und Baggern. 1906 schloss er seine beiden Firmen zur Link-Belt Company zusammen.

Link-Belt ist heute noch aktiv und baut unter anderem den Gittermast-Raupenkran 108 H5. Bei 3,4 Metern Ausladung bewegt er eine maximale Traglast von 50 Tonnen. Er ist vielseitig verwendbar und dient im Materialumschlag mit Greifer und Schleppschaufel und auch als Bohrgreifer.

FAKTEN 1936 erfand Link-Belt das hydraulische Steuerpult, eine bahnbrechende Erfindung, die später als „Speed-o-Matic" bekannt wurde. Schnell eroberte dieses System den Markt und wurde zum Standard in der Kran- und Löffelbaggerindustrie. Link-Belts Einfluss auf die Entwicklung der Antriebs- und Steuerelemente großer Maschinen ist heute noch spürbar.

Technische Daten

Traglast: 50 t bei 3,35 m Ausladung

Ausladung: max. 42,67 m

Kombination Hauptausleger/Wippspitze: max. 50 m

Die Konstruktion umfasst zahlreiche Zusatzausrüstungen. So können neben einem konventionellen Ausleger oder einer Kombination von Hauptausleger (33,53 Meter) und Hilfsausleger (15,24 Meter) auch eine Wippspitze (acht Tonnen) und ein Superlift montiert werden.

UNTEN: Der Transport schwerer Lasten in unübersichtlichem Gelände erfordert erfahrene Kranführer. Auch präzise Steuerelemente und gute Rundumsicht sind große Hilfen.

Hitachi SCX 1200-2

Hitachi baute seinen ersten Löffelbagger 1949 und 1971 den ersten vollhydraulischen Raupenkran weltweit.

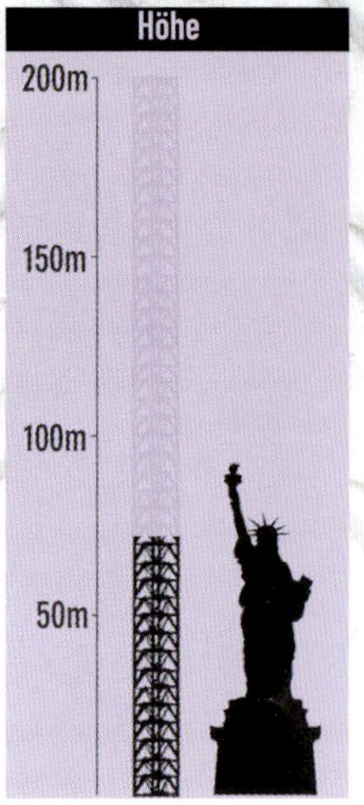

Sumitomo begann zu der Zeit mit dem Bau hydraulischer Autokrane, dann folgten Raupenkrane. 1986 wurde Sumitomo Construction Machinery Company ein Bereich der Sumitomo Heavy Industries und schließlich als Sumitomo Heavy Construction Crane Co. ausgegliedert.

2001 gründeten Sumitomo, Tadano und Hitachi für den Geschäftsbereich „Krane" die Hitachi Sumitomo Heavy Industries Construction Crane Co. mit Produktionsstätten in Shanghai und Nagoya. Neben Raupenkranen baut das Unternehmen auch Geräte wie Bohrgreifer und Bodenverdichter.

Der SCX 1200-2 gehört zu einer Familie ähnlicher Krane mit vielseitigem Anwendungsspektrum für Materialumschlag und Hebetätigkeiten. Neben einer klimatisierten Kabine ist er mit einem 6-Zylinder-Turbo-Diesel mit 7790 ccm ausgestattet.

Mit einer maximalen Traglast von 120 Tonnen bei 4,5 Metern Ausladung zählt der SCX 1200-2 zu den mittelgroßen Raupenkranen. Die Ausladung seines Hauptauslegers erreicht maximal 72 Meter, der Hilfsausleger 28 Meter. Für den europäischen Markt werden unterschiedliche Krane gebaut.

LINKS: Ein SCX 1200-2 mit Wippspitze. Für Europa und Nordamerika werden unterschiedliche Varianten angeboten.

Technische Daten

Traglast: max. 120 t bei 4,5 m Ausladung
Hauptausleger: 15–72 m
Hilfsausleger: 10–28 m
Einsatzgewicht: 129 t

Manitowoc 16000

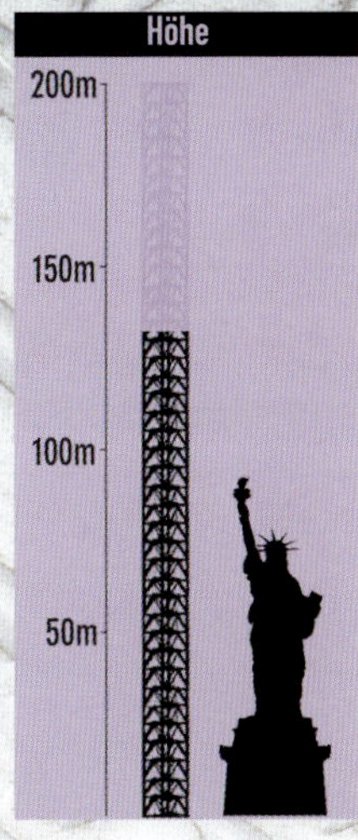

Manitowoc Cranes baute seinen ersten Raupenkran 1925 in Manitowoc, Wisconsin. Inzwischen steht das rote Firmenlogo weltweit für Raupenkrane. Heute ist Manitowoc Cranes ein Unternehmen des Konzerns Manitowoc Crane Group, zu dem auch Potain, National Crane und Grove gehören.

Jedes Unternehmen des Konzerns baut eine bestimmte Krankategorie. So ist Potain berühmt für seine mehr als 60 Turmdrehkrane mit Kapazitäten bis 160 Tonnen. National Crane baut hauptsächlich Lkw- und Gelenkkrane, während sich Grove auf hydraulische Mobil- und Militärkrane spezialisiert hat. Manitowoc Cranes bietet zwar primär Raupenkrane an, konstruiert aber auch Fahrkrane und Spezialkrane für Schwerstarbeiten. Der Geschäftsbereich Raupenkrane umfasst elf Modelle, von verhältnismäßig kleinen 45-Tonnern bis zu Giganten mit maximalen Traglasten von 907 Tonnen.

Der 2005 eingeführte 16000 schließt eine Lücke bei den Gittermast-Raupenkranen von Manitowoc. Das Folgemodell, der 18000, hat 600 Tonnen maximale Traglast (mit Kapazitätserweiterung MAX-ER: 750 Tonnen), während das Folgemodell 2250 für 330 Tonnen (mit Kapazitätserweiterung MAX-ER: 450 Tonnen) konstruiert ist. Da im Hinblick auf Größe, Kosten und Traglast ein Zwischenmodell fehlte, wurde der 16000 als 400-Tonner entwickelt.

Der 16000 ist vielseitig verwendbar und besitzt eine gute Arbeitsreichweite. Sein Hauptausleger hat 90 Meter Ausladung und kann in Kombination mit einer klappbaren Auslegerspitze auf 132 Meter verlängert werden, was jedoch die Traglast auf 150 Tonnen reduziert. Eine andere Alternative ist ein Superlift-Abspannbock.

Bei der Konstruktion des 16000 dachten die Ingenieure in erster Linie an die Montage von Windkraftanlagen. Speziell für diese Aufgabe erhielt der Kran am Hauptausleger eine klappbare Auslegerspitze mit einer Hebekapazität von 90 Tonnen.

Raupenkrane sind so konstruiert, dass sie auf Baustellen mobil sind; es kann aber schwierig sein, sie dorthin zu schaffen. Manitowoc löste diese Problematik so einfach wie möglich – durch modulare Bauweise und Anbau verschiedener Ausrüstungen. Sogar der 21000, mit 907 Tonnen Traglast schwerster Manitowoc-Raupenkran, hat weniger als 20 Stunden Rüstzeit.

RECHTS: Der Bau von Windkraftanlagen verlangt hohe Traglasten und sehr große Krane. Manitowocs Modell 16000 wurde speziell für solche Arbeiten konstruiert.

FAKTEN Die Palette mobiler Gittermastkrane umfasst auch Lkw-Aufbaukrane, die ähnliche Vorzüge wie Raupenkrane bieten. Der schwerste Lkw-Aufbaukran hat – verglichen mit dem stärksten, 907 Tonnen tragenden Raupenkran – nur 272 Tonnen Traglast, ist dafür aber mobiler und ideal verwendbar auf Schiffen und in Häfen.

Technische Daten

Traglast: max. 400 t

Lastmoment: max. 2599 mt

Hauptausleger: max. 90 m

Kobelco SL6000

Kobelco, ein Markenname von Kobe Steel Ltd., existiert seit mehr als 100 Jahren; die erste Baumaschine wurde 1930 gefertigt. Schaufeln und Greifer führten zu Baggern und Kranen, die heute weltweit von Kobelco Cranes vertrieben werden.

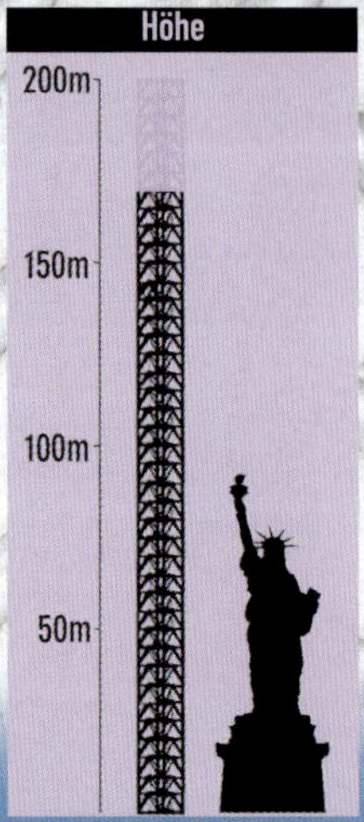

Der 2007 eingeführte SL6000 gehört zu den Superliftern (abgekürzt „SL") und demnach zu den Schwerstarbeitskranen. Konstruiert für maximal 550 Tonnen Traglast bei 8,3 Metern Ausladung, gehört er in die Kategorie der 300- bis 800-Tonner.

In der Grundausführung verfügt der SL6000 über einen bis zu 126 Meter langen Ausleger und einen bis zu 84 Meter langen Spitzenausleger. Für schwere Lasten wird ein Derrickausleger montiert und bei superschweren Lasten hinter dem Kranheck ein Schwebeballastpaket angehängt. Im Superschwerlastbetrieb kann der Kran mit einer Kombination aus Haupt- und Spitzenausleger 170 Meter Ausladung erreichen.

In der Konzeptionsphase des SL6000 wurden einige der bedeutendsten Kranbetreiber hinzugezogen, sodass ein optimal auf diese Zielgruppe zugeschnittener, modular konstruierter Kran entstand.

RECHTS: Diese Rückansicht zeigt, welche Ausrüstung ein Raupenkran benötigt, um eine Last von 550 Tonnen zu heben. Der Spitzenausleger ist stark abgespannt, für Stabilität sorgt schwerer Ballast.

FAKTEN Kobelco Cranes war früher Teil der Kobelco Construction Machinery und ist heute eine unabhängige Gesellschaft im Konzern Kobe Steel. Japans Kranindustrie hat schwierige Zeiten überstanden, und wenn man Kobelco Cranes' Situation betrachtet, ist die Zukunft vielversprechend. Anderenfalls würde Kobe Steel diesem Bereich nicht solche Bedeutung beimessen.

Technische Daten

Traglast: max. 550 t

Hauptausleger: max. 126 m

Spitzenausleger: max. 84 m

Einsatzgewicht: max. 424 t

Grove GMK 2035E

Ebenso wie Potain und National Crane ist auch Grove ein Unternehmensbereich des Manitowoc-Konzerns. Jeder Unternehmensbereich hat sich auf unterschiedliche Kranarten spezialisiert.

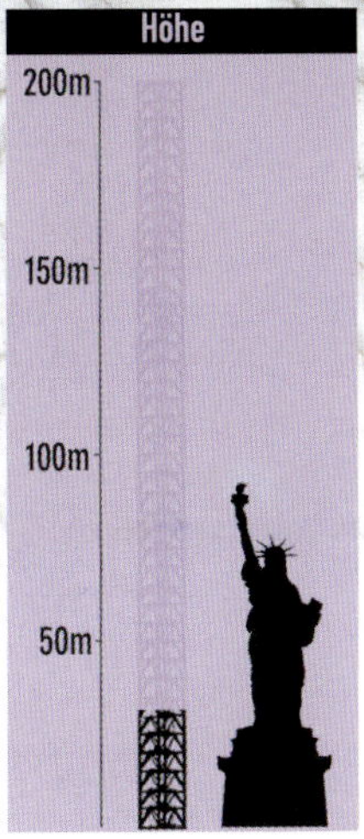

Bei Grove sind es hydraulische Mobilkrane, die es auch in speziellen Versionen für das Militär gibt.

Grove wurde 1947 gegründet; 1968 entwickelt die Firma den schwenkbaren Geländekran und zwei Jahre später den ersten trapezförmigen Ausleger. Heute unterhält Grove Produktionsstätten in den USA und Deutschland und baut Mobilkrane mit Kapazitäten von 14 bis 500 Tonnen.

Der GMK 2035E ist ein geländegängiger Lkw-Aufbaukran mit 35 Tonnen Tragfähigkeit. Ein militärischer Betreiber beschreibt seine Mobilität auf der Straße wie im Gelände als „exzellent".

Verglichen mit Raupenkranen sind Lkw-Aufbaukrane sehr mobil. Einer ihrer bemerkenswertesten Vorzüge ist die Fähigkeit, aus eigener Kraft auf normalen Straßen zum Einsatzort zu fahren. Dort angekommen, sind sie allerdings längst nicht so stabil wie ihre auf Gleisketten rollenden Pendants. Wie andere Autokrane bewältigt auch der 2035E dieses Problem durch Abstützungen, die zur Straßenfahrt auf dem Transporter eingeklappt sind und nach Ankunft auf der Baustelle in ihrer vollen oder halben Stellung abgeklappt werden können.

FAKTEN Vier Abstützungen verleihen dem Autokran eine größere Unterstützungsfläche und damit bessere Stabilität, was wiederum größere Arbeitsauslagen mit schweren Lasten ermöglicht. Um ein Kippen des Krans zu verhindern, müssen alle Abstützungen seitlich abgeklappt und der Kran waagerecht gestellt werden.

Technische Daten

- Max. Traglast: 35 t
- Max. Ausleger: 29 m
- Max. Rollenhöhe Teleskopausleger: 32 m
- Gegengewicht: 3 t
- Auslegerverstellwinkel: –3 bis +82°

UNTEN: Lkw-Aufbaukrane operieren auf guten Straßen besser als auf weichem Sand (wie hier). Sie sind aber so vielseitig konstruiert, dass sie ihre Aufgaben in fast jeder Umgebung erfüllen.

1996

Grove TMS 870

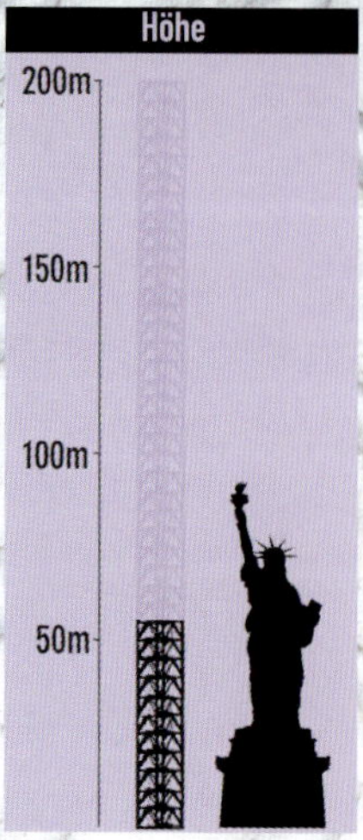

Langwierige Schwerlastarbeiten können nur mit Raupen- oder Turmdrehkranen erledigt werden. In jüngster Zeit wurden jedoch Mobilkrane mit Teleskopmast auf den Markt gebracht. Diese Taxikrane erscheinen morgens auf der Baustelle, erledigen den Job und reisen am selben Tag wieder ab.

Lkw-Aufbaukrane wie Groves TMS 870 bilden einen gelungenen Kompromiss zwischen Leistungsfähigkeit, Beweglichkeit und Kosten-Nutzen-Verhältnis.

Grove baut eine Serie geländegängiger Krane mit kurzem Radstand und weit abklappbaren Abstützungen. Diese Krane sind im Wesentlichen kleinere Varianten der Standard-Lkw-Aufbaukrane und speziell für Einsätze konstruiert, wo große Krane nicht genügend „Bewegungsfreiheit" finden. So kann es nicht verwundern, dass Lkw-Aufbaukrane überall eingesetzt werden.

Groves TMS 870 beeindruckt mit einer Traglast von 70 Tonnen. Sein Dieselmotor (298 kW/405 PS) liefert die Energie für Straßen- und Kranbetrieb. Der Hauptausleger erreicht 40 Meter Arbeitsauslage und kann eine Wippspitze (9 bis 17 Meter) tragen. TMS 870 erledigen zahlreiche Arbeiten – sie platzieren Wintergärten auf Privatgrundstücken oder versorgen auf Marinestützpunkten U-Boote mit Nachschub.

FAKTEN Auch ausgereifte Maschinen wie moderne Krane sind vor Unfällen nicht gefeit. Technische Überwachungen sind deshalb gängige Praxis, damit Mängel erkannt werden, bevor sie eine Bedrohung darstellen. Regelmäßig kontrolliert, wird ein Kran viele Jahre und sogar Jahrzehnte genutzt werden können.

Technische Daten

Ausleger:
10,9– 33,5 m

Gitterspitze:
9,4–17 m

Arbeitsbereich: 360 °

Gegengewicht:
3856 kg

LINKS: Mobilkrane können überall dort zahlreiche Arbeiten erledigen, wo sie hinfahren können. Dieser Grove TMS 870 fühlt sich im Hafen wohl. Man beachte die ausgefahrenen Abstützungen.

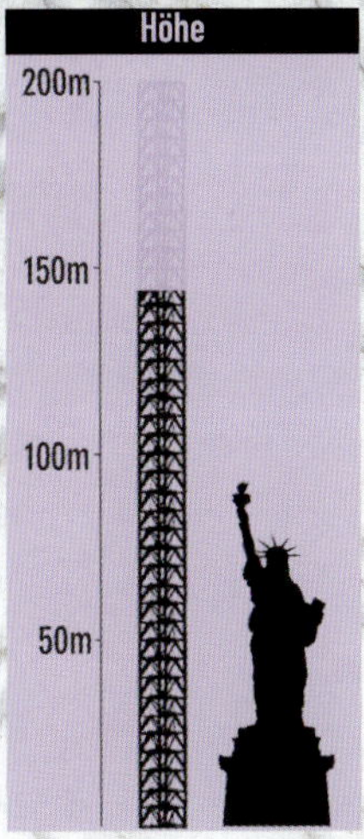

Liebherr LTM 1500

Zur Verbesserung ihrer Mobilität nutzen Autokrane häufig einen Teleskopmast. Natürlich ist ein hohler Teleskopmast nicht so stark wie eine Gittermastkonstruktion oder ein einfacher Träger. Dafür kann er aber in ausreichender Arbeitsreichweite auf einem Lkw-Fahrgestell transportiert werden.

Es gibt noch andere Vorzüge. Ein längerer Ausleger benötigt eine größere Unterstützungsfläche, die auch von der Traglast beeinflusst wird. Angestrebt wird höchste Stabilität bei optimalem Höhengewinn.

Liebherrs LTM 1500-8.1 besitzt den weltweit längsten Teleskopausleger der Welt. Die Einsatzreichweite des siebenteiligen, 84 Meter langen Auslegers kann mit einer bis zu 91 Meter langen Gitterspitze auf maximal 108 Meter gesteigert werden. Die maximale Hubhöhe beträgt 145 Meter. Mit einem Gesamtballast von 165 Tonnen wird eine maximale Traglast von 500 Tonnen bei 3 Metern Ausladung erreicht.

Es ist klar, dass ein solcher Kran kein Leichtgewicht ist. Allein die Masse des verwendeten Stahls erfordert schon eine Menge Energie. Als Fahrmotor nutzt Liebherr einen 8-Zylinder-Turbo-Diesel mit 500 kW (680 PS), während der Kranbetrieb über einen 6-Zylinder-Turbo-Diesel mit 240 kW (326 PS) erfolgt. Das Einsatzgewicht des LTM 1500 beträgt 96 Tonnen.

FAKTEN Den Traglast-Weltrekord für Autokrane hält ein Liebherr LTM 1200-9.1 mit unglaublichen 1200 Tonnen bei 2,5 Metern Ausladung. Die „9" verweist auf das neunachsige Fahrgestell, auf dem sich dieser Gigant fortbewegt. Für Fahrt und Betrieb nutzt der 1200 ähnliche Motoren wie der achtachsige LTM 1500, ist jedoch schon wegen seiner schieren Größe etwas anders konstruiert.

Technische Daten

Max. Traglast: 500 t bei 3 m Ausladung
Teleskopausleger: 16,1–84 m
Gitterspitze: 14–91 m
Einsatzgewicht: 96 t
Gesamtballast: 165 t

UNTEN: Diese Vorderansicht zeigt deutlich die mechanische Innenverriegelung der Teleskopteile. Abgebildet ist der weltweit längste Teleskopmast.

Demag AC 200-1

Terex-Demag baut eine große Palette von Autokranen. Der AC 200-1 kann, wie seine Typenbezeichnung verrät, Traglasten bis maximal 200 Tonnen heben.

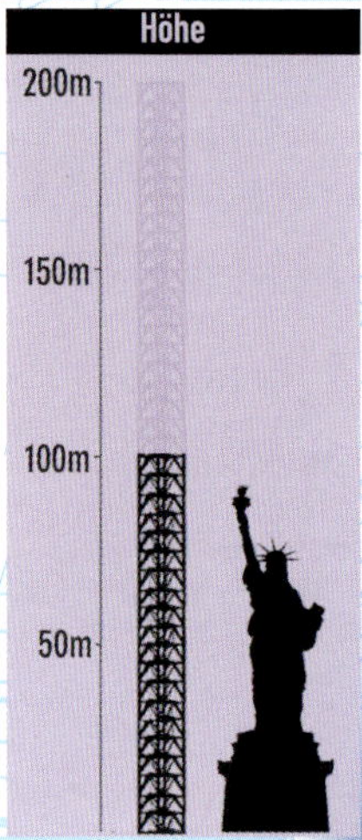

Der Unterwagen wird von einem 8-Zylinder-Dieselmotor DaimlerChrysler mit 380 KW (516 PS) angetrieben. Die Vorderachse ist einachsig konstruiert, während die übrigen vier Achsen paarig angeordnet sind. Um auf engstem Raum optimal arbeiten zu können, sind von den insgesamt zehn Rädern acht lenkbar, wobei die Hinterachslenkung erhöhte Wendigkeit und Fahrstabilität verleiht.

Der AC 200-1 ist ein kompakter Fünfachser. Sein Teleskopmast ist maximal 67,8 Meter hoch und hat eine maximale Arbeitsauslage von 100,8 Meter. Der siebenteilige Mast operiert mit einem Gegengewicht von bis zu 69 Tonnen.

Der AC 200-1 ist für Lasten bis 200 Tonnen, der größere Bruder AC 250-1 für bis zu 250 Tonnen ausgelegt. Um bei derartigen Einsätzen einen stabilen Stand zu gewährleisten, kann der AC 250-1 mit einem Gegengewicht von fast 97 Tonnen ausgerüstet werden. Das leistungsfähigste Fahrzeug dieser Serie ist der neunachsige AC 700. Mit eine Hubfähigkeit von maximal 700 Tonnen gibt es nur wenig, was dieses Kraftpaket nicht heben kann.

FAKTEN Bei der Betrachtung eines Krans bleiben Details wie beispielsweise der Farbanstrich oft unbeachtet. Dabei ist der Anstrich mehr als ein Firmenmerkmal oder ein Blickfang: Farbe schützt gegen Rost und Witterungseinflüsse. Damit also ein solcher „Gewichtheber" durch Korrosion seiner Konstruktion nicht gefährlich geschwächt wird, ist ein guter Anstrich wichtig und für eine lange Nutzungsdauer unverzichtbar.

Technische Daten

Max. Traglast: 200 t bei 3 m Ausladung

Teleskopmast: 12,4–67,8 m

Teleskopmastverlängerung: 9,2–33 m

Transportlänge: 14,7 m

Max. Gegengewicht: 69 t

RECHTS: Ein Demag AC 250-1 in voller Größe. Dass ein schlanker Teleskopmast 250 Tonnen tragen kann, ist erst seit der Entwicklung modernster Werkstoffe und Techniken möglich.

Terex AC 60 City

Terex Cranes ist Teil der Terex Corporation und kann auf eine Geschichte als Maschinen- und Kranbauer von mehr als einem Jahrhundert Dauer zurückschauen.

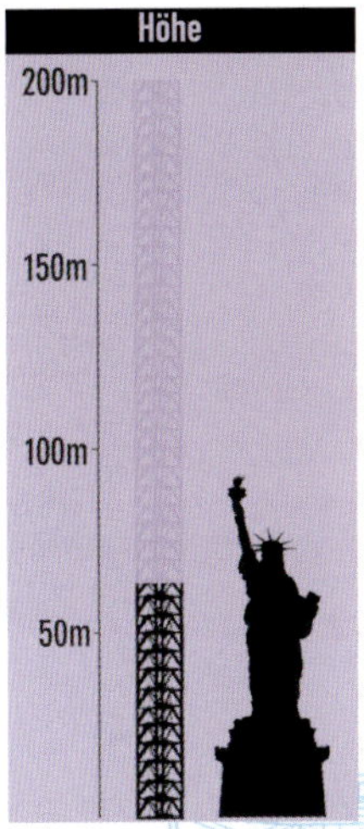

Einige Baustellen sind für herkömmliche Auto- oder Raupenkrane zu klein, andere schlichtweg so uneben, dass ein Kran keinen sicheren Stand finden kann. Da bleibt keine andere Wahl, als entweder einen ebenen Arbeitsplatz zu schaffen oder die Lasten mit größtmöglicher Arbeitsauslage zu bewegen oder eine Maschine zu finden, die auf engstem Raum arbeiten kann.

Es ist deshalb logisch, dass es eine Marktnische für kompakte Krane gibt. Krane, die auf engstem Raum oder geneigten Standflächen operierend, beachtliche Lasten befördern können. So bewegt der AC 60 trotz seiner kompakten Masse Traglasten bis maximal 60 Tonnen. Obwohl im Transportzustand nur 9,96 Meter lang, besitzt der AC 60 den längsten Hauptausleger (50,4 Meter) seiner Klasse, der mittels einer um 40 Grad abwinkelbaren Doppelklappspitze auf 65 Meter Rollenhöhe verlängert werden kann. Da sich der letzte Auslegerkasten um 25 Grad abwinkeln lässt, kann der AC 60 auch in schwer zugänglichen Bereichen arbeiten.

FAKTEN Der AC 60 ist nur einer aus der City-Familie für Einsätze in schwierigem Gelände. Meist sind vier der acht Räder lenkbar; aber auch 8x8-Unterwagen werden angeboten. Der AC 55 City ist ein Dreiachser mit 55 Tonnen Traglast, während der Zweiachser AC 30 City 30 Tonnen transportiert. Das stärkste Mitglied dieser Kategorie hebt Lasten von bis zu 70 Tonnen.

Technische Daten

Gesamtlänge: 9,96 m
Traglast: 60 t
Hauptauslegerlänge: 50,4 m
Max. Rollenhöhe: 65 m
Letzter Auslegerkasten 25 ° abwinkelbar

UNTEN: Bei der Verladung von Fracht sind Kraft und Präzision gleichermaßen gefragt. Flugzeuge sind empfindlich und für Stöße mit 60 Tonnen schweren Lasten nicht konstruiert.

2001

Palfinger Knickarm PK 15002

Der Knickarmkran verdankt seinen Namen seiner Auslegerstellung, die die Bewegungen eines menschlichen Arms nachahmt. Knickarme werden hydraulisch betätigt. Ihre Beweglichkeit erweist sich als besonders vorteilhaft auf engen Baustellen oder bei schwierigen Hebeaufgaben, obschon dort auch Zusatzausrüstung verwendet wird.

FAKTEN Knickarme sind ideal geeignet für Präzisionsarbeiten, wie zum Beispiel für Lkw-Ladekrane. Diese Art Kran ist jedem bekannt, der beispielsweise schon einmal Baumaterial bei einem Händler bestellt hat. Ihre Vielseitigkeit ist beeindruckend. Voraussetzung für die optimale Nutzung aller Möglichkeiten des Knickarms ist allerdings ein erfahrener Kranfahrer.

Technische Daten

Max. Hubmoment: 136,4 kNm
Max. Hubkraft: 6,2 t
Max. hydraulische Reichweite: 16,9 m
Max. mechanische Reichweite: 18,8 m
Schwenkbereich: 420 °
Max. Reichweite mit 2. Knickarm: 25,4 m

Ein Knickarmkran ist nicht so stark wie eine herkömmliche, aus einem Stück gefertigte Konstruktion, was natürlich seine Leistungsfähigkeit beeinträchtigt.

Palfingers PK 15002 ist der Standardkran einer mittleren Kranreihe mit Hubleistungen von elf bis 32 Tonnen. Die Verwendungsmöglichkeiten reichen von allgemeinen Hebetätigkeiten bis hin zum Materialumschlag. In Ruhestellung wird der Ausleger klein zusammengeklappt, sodass sein Trägerfahrzeug wie ein normaler Lkw genutzt werden kann.

Ein PK 15002 ist so konstruiert, dass er auf fast jedem Lkw-Chassis montiert werden kann. Entsprechend der gewählten Kranversion hat der Käufer die Wahl zwischen unterschiedlichen hydraulischen und mechanischen Reichweiten (4,3 bis 18,8 Meter). Der Kran kann die bemerkenswerte Last von maximal 6,2 Tonnen bei 1,6 Metern Ausladung, aber nur 370 kg bei größter Arbeitsauslage (18,8 Meter) transportieren.

Palfinger baut auch eine Reihe kleinerer Knickarmkrane für Traglasten von vier bis zehn Tonnen sowie stärkere mit Kapazitäten bis 150 Tonnen.

UNTEN: Knickarmkrane können ihre eigene Lkw-Plattform selbsttätig beladen und auf engstem Raum an schwierigen Positionen abladen.

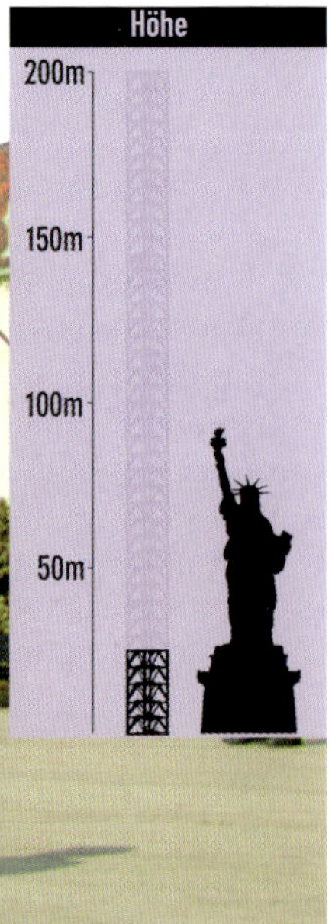

HIAB XS 800

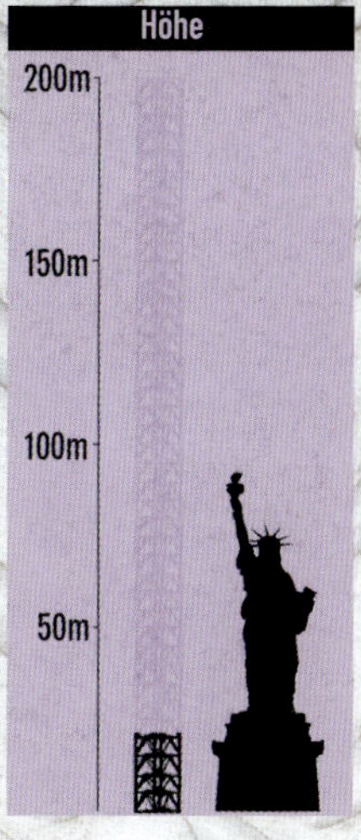

Vor mehr als einem halben Jahrhundert brachte HIAB den ersten hydraulischen Lkw-Ladekran auf den Markt und hat dieses Konzept seitdem ständig verbessert. Ursprünglich hatte der Kran seine Antriebsenergie vom Lkw-Motor bezogen.

Das Kranprogramm des Unternehmens reicht von elektrohydraulischen Klein-Ladekranen und verschiedenen Spezialkranen bis hin zu gigantischen Lkw-Aufladekranen auf 4-Achs-Chassis. Lkw-Aufladekrane sind äußerst vielseitig, weil sie an fast jedem Ort eingesetzt werden können. Ihre Verwendungsmöglichkeiten reichen von der Bauwirtschaft bis zum Materialumschlag. Ein Nachteil ist Lkw-Aufbaukranen allerdings gemeinsam: Ihre Hubkapazität ist begrenzt, sodass bei großen Arbeitsauslagen Überlastungen und Gefährdung der Standsicherheit drohen.

Der XS 800 ist HIABs schwerster Lkw-Aufbaukran. In Verbindung mit Seitenstützen und Zusatzknickarmen wird eine maximale Ausladung von 26,9 Metern erreicht. Wie bei allen Lkw-Aufbaukranen gibt es auch beim XS 800 große Leistungsschwankungen zwischen Arbeitsauslage und Stabilität. Immerhin kann der XS 800 bei maximaler Ausladung noch 2400 Kilogramm tragen, während bei einer Reichweite von drei Metern 18 Tonnen bewegt werden können.

RECHTS: Knickarme können Schwerstlasten auf „eigenem" Lkw transportieren und sich auf engstem Raum sogar selbst entladen: sogar über Störkanten und Hindernisse hinweg.

FAKTEN 1947 konstruierte HIAB den Hiab 19. Auf einem Lkw montiert, wurde dieser Ladekran – was damals als ziemlich revolutionär galt – vom Motor dieses Lastkraftwagens angetrieben. Auf diesen ersten Lkw-Aufbaukran folgten weitere Neuerungen, wie zum Beispiel das Zahnstangenschwenkwerk, der in beide Richtungen ausfahrbare Duplex-Zylinder und das heute von den meisten Kranherstellern verwendete Knickarm-Parksystem.

Technische Daten

Max. Lastmoment: 750 kNm

Max. hydraulische Ausladung: 22,4 m

Gewicht (ohne Seitenstützen): 7, 4 t

Höhe (in Transportstellung): 2,5 m

2004

Palfinger Knickarm PK 100002

1932 gründete Richard Palfinger eine Schlosserei und Reparaturwerkstatt für landwirtschaftliche Anhänger, Kipper und Fahrzeugaufbauten. Der erste Kran entstand 1959, und seit 1964 ist Palfinger auf hydraulische Lkw-Ladekrane spezialisiert.

FAKTEN Die Montage eines Krans auf das Chassis eines Lkw mag vor Jahrzehnten noch akzeptabel gewesen sein. Heute hingegen müssen Krane optimale Leistung bieten, ohne Betriebssicherheit und Benutzerfreundlichkeit zu beeinträchtigen. Folglich ist der Kran so im Chassis integriert, dass Standsicherheit und Kraft optimiert sind, ohne die Betriebshöhe oder Transportfähigkeit des Krans einschränken zu müssen.

Technische Daten

- Max. Hubmoment: 92,2 mt
- Max. Hubkraft: 30 t
- Max. hydraulische Reichweite: 22 m
- Max. mechanische Reichweite: 27,1 m
- Max. Reichweite mit 2. Knickarm: 32 m

1976 erhielt das Unternehmen sein erstes Patent für einen Kran mit klappbarem Hauptkran und führte ein Jahr später den Kabeltrommelgreifer als Zusatzgerät für Ladekrane ein. Im Jahr 2000 entwickelte Palfinger den nach oben überstreckbaren Knickarm.

Lkw-Knickarmkrane bilden immer noch das Rückgrat des Unternehmens. Sie werden bei Lade-, Forst- und Recyclingkranen verwendet und kommen auch bei der Eisenbahn zur Anwendung. Palfinger hat den hydraulischen Knickarmkran ständig weiterentwickelt und gilt heute als Technologieführer. Die Produktpalette reicht vom Leichtkran über „Arbeitspferde" bis zu einigen sehr starken Maschinen.

Zu Palfingers Performance-Kranreihe gehört auch der PK 100002, ein Lkw-Knickarmkran zum Heben von Containern und anderen Lasten. Beim Transport sperriger Lasten mit einem Knickarmkran sind zahlreiche Probleme zu bewältigen, wobei Sicherheit höchste Priorität genießt.

UNTEN: Alt trifft modern: Eine Dampflokomotive wird von einem Kran auf die Lkw-Ladefläche gehoben. Als die Lokomotive gebaut wurde, war dieser Kran noch nicht einmal erfunden.

Bewegungsapparat

Bei einem Knickarm besteht größere Gefahr, dass er bei Belastung zusammenbricht, als bei einem starren Ausleger. Der Grund dafür ist der Bewegungsapparat des Knickarms. Palfinger verhindert ein Absinken des Knickarms durch im Hydrauliksystem eingebaute Lasthalteventile. Sie verhüten, dass die Hydraulikflüssigkeit durch das Gewicht der Last zurückgepresst wird, die Ventile aufsprengt und den Knickarm absacken lässt. Wird die Last also nicht bewegt, ist das System von den Lasthalteventilen in der Transportstellung verriegelt. Die Hydraulikventile und -schläuche werden in kompakten Schlauchwannen und Kunststoffgliederketten geführt

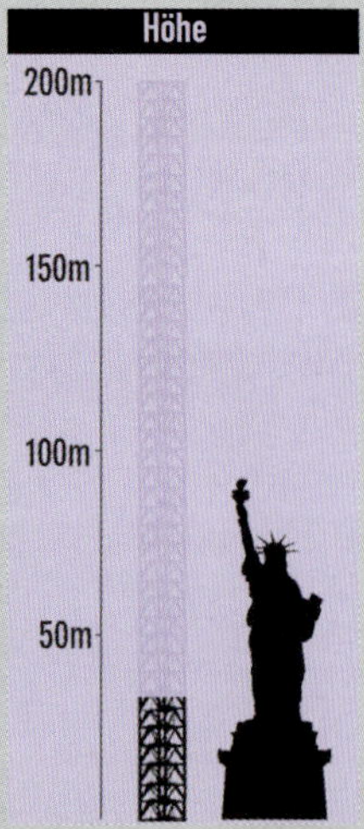

beziehungsweise hinter der Kransäule abgedeckt, wo sie vor Beschädigungen geschützt sind. Beim Heben schwerer Lasten entstehen im Hydrauliksystem extrem hohe Drücke. So genügt schon eine kleine Schwachstelle in den Schläuchen oder Verbindungsstücken, um die Hydraulikflüssigkeit herausspritzen und vielleicht den Knickarm erschlaffen oder gar zusammenbrechen zu lassen.

UNTEN: Weit ausladende Abstützungen garantieren optimale Standsicherheit. Hier werden Schiffscontainer von ihrem Lagerplatz auf Eisenbahn-Flachwagen verladen.

2005

Link-Belt HTT 8690

Link-Belt baut eine Familie von Teleskopmastautokranen. 2004 erschien mit der Modellbezeichnung HTC 8690 der größte Kran für eine maximale Traglast von 90 Tonnen.

FAKTEN Link-Belt nutzt die Abkürzung HTT (Hydraulic Truck Terrain), um Modelle mit Hinterradlenkung von herkömmlichen Modellen HTC (Hydraulic Truck Crane) zu unterscheiden. Mit der Hinterradlenkung schließt Link-Belt die Lücke zwischen konventionellen Autokranen sowie Geländekranen und bietet dem Käufer vier Betriebsarten: unabhängige Vorder- oder Hinterradlenkung, Allradantrieb oder Hundegang (parallele Schrägfahrt; Kran kann bis zur Berührung an ein Hindernis heranfahren).

Wenig später erschien eine weitere Version – HTT 8690 – mit einigen neuen Merkmalen. Die vielleicht wichtigste Neuerung war die Hinterradlenkung, mit der die Manövrierfähigkeit dieses großen Fahrzeugs deutlich verbessert wurde.

Diese Version erhielt auch eine neu konstruierte Kabine mit verbesserter Sicht. Modifiziert wurde auch der Teleskopmast. Alle Teleskopteile, die beim Ausschub des Mastes aufeinander reiben, bekamen eine Teflonbeschichtung, sodass auf die Schmierung verzichtet werden konnte.

Ansonsten besitzt der HTT dieselben Merkmale wie die HTC-Version. Der Mast kann mit zwei Gitterspitzen erweitert und damit auf eine maximale Rollenhöhe von 72,2 Meter verlängert werden. Die Klappspitze ist um 45 Grad abwinkelbar, sodass der HTT 8690 auch in schwer zugänglichen Bereichen arbeiten kann.

Entsprechend seinem Arbeitsauftrag kann der Kran zahlreiche modulare Gegengewichte verwenden. Der Kranfahrer kann das Gegengewicht von seiner Kabine aus heben oder senken beziehungsweise die Ballastierung für den Straßentransport regulieren.

UNTEN: Die elegante Schlichtheit dieses HTT 8690 ist ebenso beeindruckend wie seine 90-Tonnen-Hubkraft. Dank seiner außerordentlichen Manövrierfähigkeit kann er auf engstem Raum arbeiten.

Technische Daten

Max. Hubkraft: 90 t

Ausladung (5 Ausschübe): 11,6–42,7 m

Max. Rollenhöhe: 72,2 m

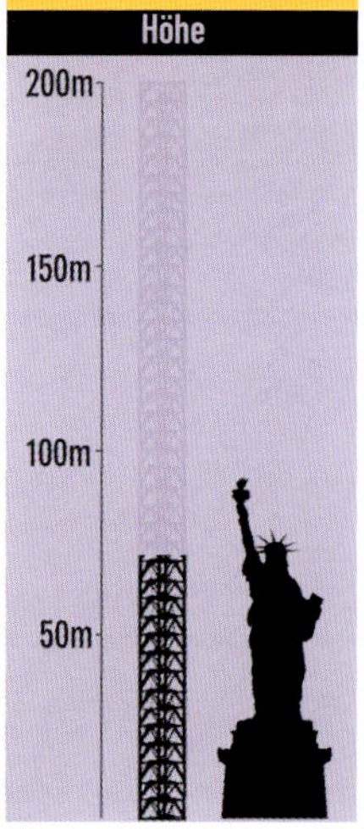

Liebherr LTM 1200-5.1

Der LTM 1200-5.1 verwendet denselben Teleskopausleger wie die übrigen Mitglieder dieser Familie. Er ist kleiner und leichter als der LTM 1500-8.1, und die „5" verweist auf seine fünf Achsen.

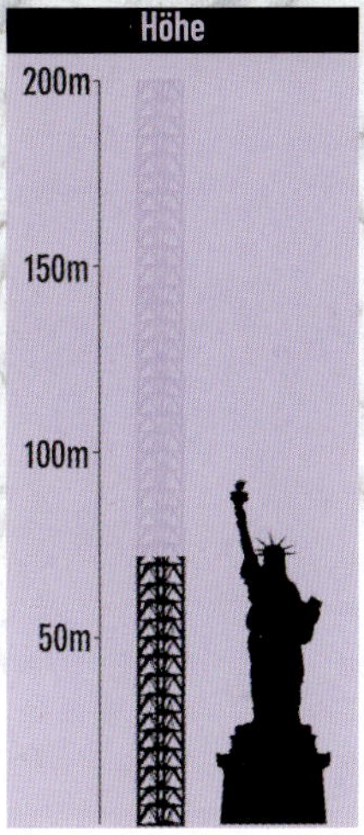

Der LTM 1200-5.1 bietet derzeit den längsten Teleskopausleger in der 5-Achs-Klasse. Bei drei Metern Ausladung trägt er bis zu 200 Tonnen und reicht mit seinem Ausleger von 13 bis 72 Meter. Diese Reichweite kann zusätzlich mit einem 7 Meter Gitterstück und einer bis zu 36 Meter langen Klappspitze erweitert werden. Für schwerste Lasten trägt der Kran 74 Tonnen Ballast und wird von zwei Motoren angetrieben.

Der Fahrmotor ist ein 6-Zylinder-Turbo-Diesel, der mit seinen 370 kW (503 PS) diesem 60 Tonnen schweren Kran 80 km/h Fahrgeschwindigkeit verleiht. Auch der Kranmotor ist ein Turbo-Diesel, leistet mit vier Zylindern aber nur 145 kW (197 PS).

Andere Krane in Liebherrs 5-Achs-Klasse sind für Traglasten von 95 bis 220 Tonnen konstruiert und bieten zahlreiche Besonderheiten, wie zum Beispiel geschwindigkeitsabhängige Hinterachslenkung. Abhängig vom Arbeitsauftrag kann der Kranfahrer zwischen sechs verschiedenen Lenkungsarten wählen. Liebherr war der erste Kranhersteller, der seine Autokrane mit Scheibenbremsen ausrüstete.

FAKTEN 2007 brachte Liebherr zwei neue Autokrane auf den Markt: einen 3-Achser und einen 4-Achser auf serienmäßigen Lkw-Chassis. Konstruiert für Traglasten von 35 beziehungsweise 45 Tonnen, sind diese Krane leicht genug, um nicht mit gesetzlichen Gewichtsbeschränkungen in Konflikt zu geraten. Obwohl auf serienmäßigen Lkw-Chassis konstruiert, besitzen beide Modelle für den Kranbetrieb einen eigenen Motor.

Technische Daten

Max. Traglast: 200 t bei 3 m Ausladung

Teleskopausleger: 13,2–72 m

Gitterspitze: 5,4–43 m

Einsatzgewicht: 60 t

Gesamtballast: 74 t

UNTEN: Der LTM 1200-5.1 bietet den weltweit längsten Teleskopausleger in der 5-Achs-Klasse. Mit allen sechs Ausschüben demonstriert er hier seine beeindruckende Reichweite.

Gottwald HMK 300 E

Bei Gottwald in die Kategorie der Hafenmobilkrane eingeordnet, ist die Beweglichkeit des HMK 300 E einer seiner bemerkenswertesten Vorzüge.

Mit dieselelektrischem Antrieb ausgestattet und hervorragend geeignet für den Umschlag von 12-Meter-Containern, kann der HMK 300E mit 50 Meter Arbeitsauslage über 16 Containerreihen hinwegreichen, Container aufnehmen und platzieren. Da ein Panamax-Schiff Container in maximal 13 Reihen an Bord hat, ist diese Ausladung zum Be- und Entladen völlig ausreichend. Seitlich reicht die Arbeitsauslage über fünf Containerreihen hinweg.

Technische Daten

Traglast: 100 t

Ausladung: 50 m

Höhe

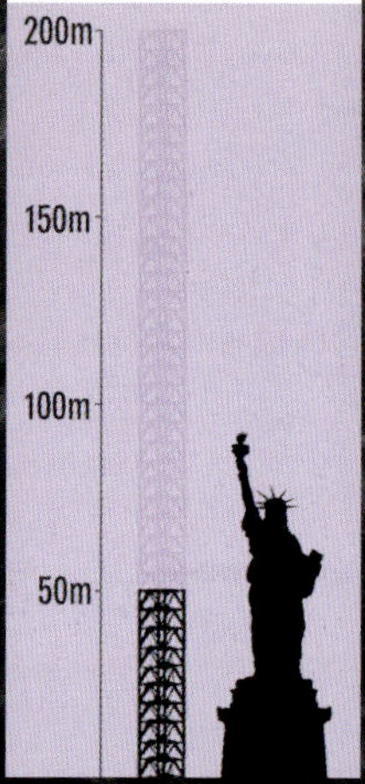

Container-Umschlag

In Containerhäfen werden Container rund um die Uhr umgeschlagen. Je flexibler der Umschlag abgewickelt wird, das heißt, je schneller der Kran am Umschlagplatz eintrifft, umso schneller und damit wirtschaftlicher können die Frachtgüter be- und entladen werden.

Der Unterwagen des HMK 300 E ist als 7-Achser konstruiert. Dank automatischer Niveauregulierung überwinden seine großen Räder problemlos Unebenheiten und kleinere Hindernisse. Als Antrieb dient ein Dieselmotor, der auch einen Generator speist. Elektromotoren drehen den Kran und heben bzw. senken den Ausleger hydraulisch.

LINKS: Das modulare Konstruktionsprinzip ermöglicht den Bau solcher Maschinen. Montiert auf einem siebenachsigen Unterwagen, sind diese Giganten außerordentlich beweglich.

FAKTEN Krane sind groß, teuer und von langer Nutzungsdauer. Kauf und Verkauf eines Krans sind gleichermaßen bedeutsam. Mit über 100 verkauften Geräten seit der Markteinführung im Jahr 2000 hat sich der HMK 300 E zu Gottwalds Bestseller entwickelt. Vom Vorgänger, dem HMK 280, wurden über 180 Einheiten abgesetzt.

Tadano Faun ATF 360G-6

Tadano baut Krane seit 1948, und zwar sowohl Lkw-Aufbaukrane als auch Mobilkrane sowie verwandte Lade- und Hubgeräte.

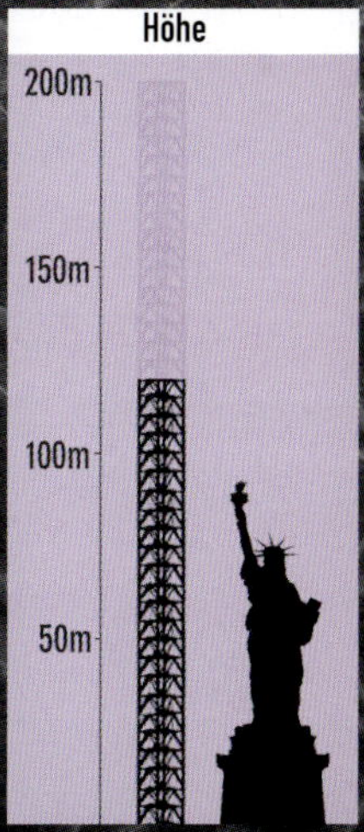

Faun kann auf eine lange Firmengeschichte und den Bau von Schwerstlastfahrzeugen zurückblicken. Darunter auch Krane, Militär-Lkws, Transporter für Kampfpanzer sowie militärische Geräteträger und Bergefahrzeuge. Solchen Produkten gemeinsam ist, dass sie ein starkes, geländegängiges und schwer belastbares Chassis besitzen. 1990 übernahm Tadano den deutschen Fahrzeughersteller und schuf die Tadano Faun GmbH.

FAKTEN Faun-Krane werden unter anderem von der Bundeswehr und den italienischen Streitkräften eingesetzt. Technische Geräte sind für moderne Streitkräfte von großer Bedeutung. Kran-, Zug- und Bergefahrzeuge unterstützen militärische Verbände bei ihren Einsätzen.

Technische Daten

Max. Traglast: 360 t
Ausleger: 15–60 m
Max. Hakenhöhe: 120 m (mit Grundausleger, 4 Teleskopteilen, Verlängerungsstücken und Wippspitze)

Mit einem Transportgewicht von 72 Tonnen ist der ATF 360G-6 der größte Autokran unter den Tadano-Faun-Produkten. Die Typenbezeichnung verrät seine maximale Traglast (360 Tonnen) und die Zahl der Achsen (sechs). Der Unterwagen besitzt zwölf Räder auf drei Achspaaren; alle Achsen sind lenkbar.

Dieselmotor von Mercedes-Benz

Den Antrieb liefert ein 8-Zylinder-Dieselmotor mit 450 kW (612 PS) von Mercedes-Benz. Mit Ausnahme der zweiten und sechsten werden alle Achsen angetrieben. Der fünfteilige Ausleger ist von 15 bis 60 Meter teleskopierbar und wird bei Bedarf durch ein Gegengewicht von 58 Tonnen gestützt. Zusatzausrüstung wie beispielsweise Auslegerverlängerung und Wippspitze kann die Hakenhöhe auf maximal 120 Meter anheben.

UNTEN: Dieser saubere, zivil und geschäftsmäßig wirkende ATF 360G-6 ist auch bei mehreren Streitkräften im Einsatz.

Peiner/Pecco 900

Vor der Einführung von Turmdrehkranen in den USA kamen auf Großbaustellen Mobilkrane und Derricks zum Einsatz. Jedes Mal, wenn der Derrick neu positioniert wurde, mussten die Bauarbeiten unterbrochen werden.

In den USA kamen Turmdrehkrane erst in den 1960er-Jahren zum Einsatz. Dort wurden sie nach dem US-Händler Pecco benannt, während sie im Rest der Welt unter dem Namen der Herstellerfirma, der deutschen Peiner AG, bekannt waren. Als Peiner in den 1990er-Jahren von Terex übernommen wurde, stellte Pecco den Vertrieb ein.

UNTEN: Vor dem Himmel zeichnen sich die starken Ausleger und Gegenausleger stützenden Zugstreben deutlich ab. Die Kabinenfenster sind deutlich kleiner als bei modernen Kranen.

FAKTEN Turmdrehkrane sind sehr schlank. Bei ihrer Konstruktion sind zahlreiche Kräfte auszugleichen: Verschiebt sich der Schwerpunkt, verliert der Kran die Balance, und eine Katastrophe ist unvermeidlich. Am Turm angeschlagene Zugstreben halten Ausleger und Gegenausleger waagerecht, der Ballast auf dem Gegenausleger stabilisiert das Kranoberteil.

In die Jahre gekommen

Das Alter dieses Krans wird anhand einiger Merkmale deutlich: Anders als bei modernen Kranen reichen die Fenster nicht über die gesamte Kabinenhöhe, zudem gibt es keinen Sitz für den Kranführer.

Das Hubwerk befindet sich unterhalb der Kabine und nicht, wie heute üblich, auf dem Gegenausleger. Den Ballast bilden große, in einem Rahmen platzierte Betonplatten, die ein Umkippen des Krans verhindern sollen. Schließlich muss jede Last, die vor dem Drehpunkt – am Haken – hängt, dahinter ausgeglichen werden.

Technische Daten

Höhe: 37 m
Gewicht: 47,5 t
Traglast: 4 t

Höhe

200m
150m
100m
50m

Krøll K-154

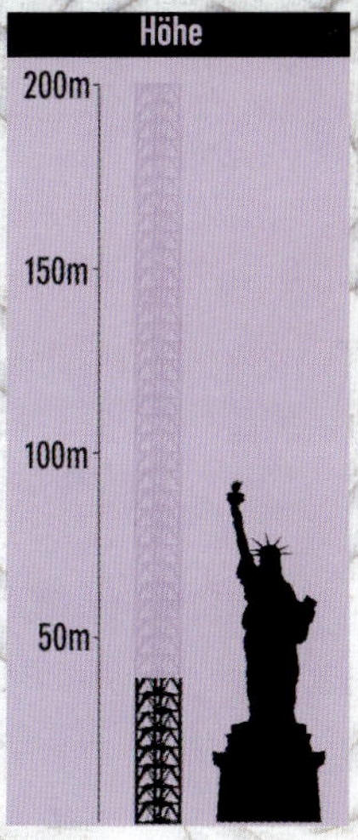

Die dänische Firma Krøll wurde in den 1950er-Jahren als Agent und Lizenznehmer für Linden-Krane gegründet. Schon bald konstruierte und baute Krøll eigene Krane, die in den folgenden 20 Jahren erfolgreich an Kunden in Skandinavien, Europa und Nordamerika geliefert wurden.

In den 1980er-Jahren geriet Krøll in wirtschaftliche Schwierigkeiten. Das Unternehmen hatte sich auf riesige Turmdrehkrane für den Bau von Kernkraftwerken konzentriert, doch nach der Katastrophe in Tschernobyl sank die Nachfrage stark. Krøll musste neue Konzepte entwickeln.

Neue Krane, neue Märkte

Krøll entwickelte aber nicht nur eine neue Produktpalette, sondern baute auch ein neues Händlernetz und eine modifizierte Marktstrategie auf. Zu den neuen Produkten gehörte der K-154, ein Turmdrehkran mit einer Auslegerlänge von maximal 48 Metern. Bei maximaler Ausladung können bis zu 3,2 Tonnen und bei kürzester Ausladung (21,7 Meter) bis zu acht Tonnen schwere Lasten bewegt werden.

Das Mastwerk besteht aus Einzelelementen, sodass der K-154 in verschiedenen Höhen errichtet werden kann; die höchste Hakenhöhe ist 33 Meter, die niedrigste 13 Meter. Ein kürzerer Turm benötigt auch weniger Ballast.

RECHTS: Das schwere Gegengewicht aus Betonplatten am äußersten Ende des Gegenauslegers stabilisiert das Kranoberteil und verhindert ein Umkippen.

FAKTEN Als Fundament bieten sich mehrere Möglichkeiten an: Wird der K-154 beweglich auf Schienen oder auf einem sechs mal sechs Meter großen Fundament angelegt, benötigt er 30 Tonnen Ballast. Der Mastfuß kann auch mit einem Fundamentkreuz verschweißt oder in ein Betonfundament eingegossen werden. Je nach Krankonstruktion wiegen die Fundamente 75 bis 91 Tonnen.

Technische Daten

Max. Höhe: 40 m (6 Mastelemente + Klettereinrichtung)

Gewicht: 70 t

Max. Traglast: ca. 8 t

Potain 8520

Die Firma Potain wurde 1928 in Frankreich gegründet und hat seitdem rund 100 000 Krane gebaut. Neben den üblichen oben drehenden Turmkranen baut Potain auch Nadelauslegerkrane.

Technische Daten

Tragfähigkeit: 12 t bei 18,4 m Ausladung; 3 t bei 60 m Ausladung

Hakenhöhe: max. 79 m

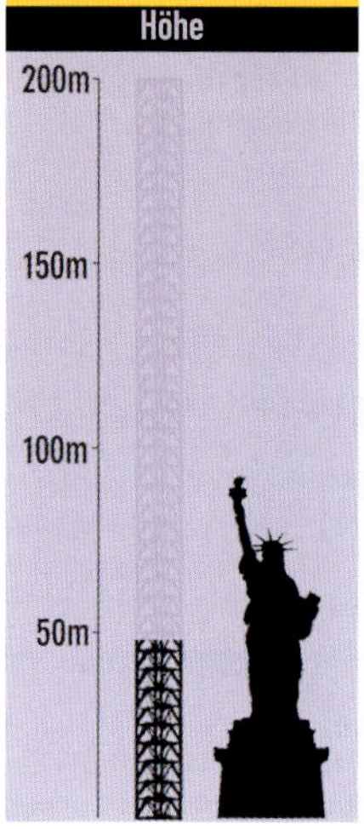

Nadelauslegerkrane bieten den Vorteil, dass sich ihr Ausleger (ähnlich wie beim Raupenkran) fast senkrecht aufgerichten lässt. So kann Hindernissen ausgewichen oder verhindert werden, dass der Kran durch die Hebelkraft schwerer Lasten umkippt.

Weiterhin baut Potain Schnellmontagekrane. Zum Aufbau eines Turmdrehkrans ist normalerweise die Unterstützung eines anderen Krans erforderlich, meistens eines Raupenkrans. Dieser zweite Kran muss zwar größer, aber nicht unbedingt stärker als der Turmdrehkran sein. Schnellmontagekrane brauchen solche Hilfen nicht, sondern können zur Montage ihre Baugruppen aus eigener Kraft präzise an Ort und Stelle heben.

Komplizierte Konstruktion

Potains 8520-Turmdrehkran ist 49 Meter hoch. Der Ausleger hat 60 Meter Ausladung und kann an seiner Spitze maximal 2,5 Tonnen heben, bei einer maximalen Tragfähigkeit von 1,2 Tonnen. Der 8520 ist kompliziert konstruiert. So sind zum Beispiel Hubwerk und Gegenausleger separate Baugruppen, während sie sonst meist als ein einziges Element gebaut werden. Als Einzelteile mögen sie leichter und einfacher zu handhaben sein, jedoch müssen mehr Bolzen und andere Halterungen verwendet und mehr kleinere Komponenten montiert werden.

Während die meisten Turmdrehkrane in einem Tag demontiert werden können, benötigte man für den beim Summit Project in Dartmouth, Kanada, eingesetzten 8520 drei Tage sowie einen großen Mobilkran und viele Monteure. Dieser Aufwand war aber nur zum Teil in der komplizierten Konstruktion des 8520 begründet, auch andere Faktoren trugen dazu bei.

In diesem Fall war die Turmspitze festgerostet und widerstand allem Hämmern und Schmieren mit Öl. Sie ließ sich auch durch einen Kran nicht losrütteln und musste schließlich in ihre Einzelteile zerlegt werden. Für Fachleute nichts Ungewöhnliches, sondern ein Beweis dafür, dass eine schwierige Arbeit noch sehr viel schwieriger werden kann. Andererseits ist es aber auch beruhigend, dass dieser Kran allen Versuchen widerstand: Ein Kran, der sich einfach demontieren lässt, wirkt doch weniger Vertrauen erweckend.

FAKTEN Seriöse Kranbetreiber, -händler und -vermieter unterziehen einen Kran vor jedem Einsatz einer gründlichen Prüfung. Dennoch fordern unvorhersehbare Einflüsse ihren Tribut. Auf Kransicherheit spezialisierte Firmen kümmern sich um den guten Zustand aller Bauteile, die korrekte Montage und die Einhaltung der Sicherheitsvorschriften – und sie untersuchen auch die unvermeidlichen Unfälle.

LINKS: Der 49 Meter hohe Mast eines Potain 8520 mit den Zugstreben, die Ausleger und Kranoberteil waagerecht halten. Man beachte, wie die Turmspitze im Mast verankert ist.

UNTEN: Dieser Kran kann seinen Ausleger fast senkrecht heben, die Laufkatze vor- und zurückfahren, sich drehen und somit Lasten in einem großen Wirkungsbereich transportieren.

1984

Arcomet T 33

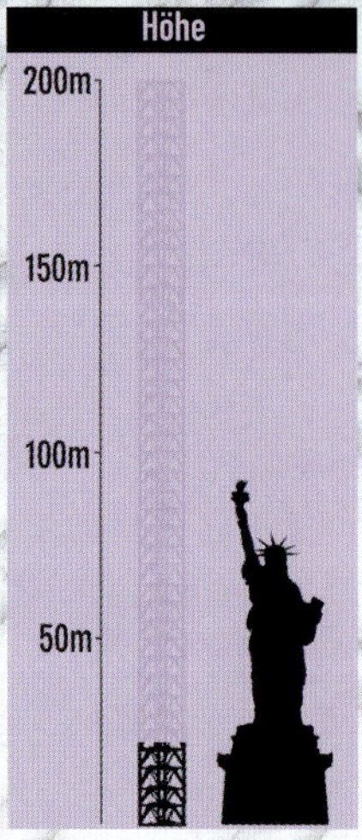

1956 gegründet, begann Arcomet 1958 als Zulieferer in der Bergbauindustrie und wechselte 1963 ins prosperierende Baugewerbe.

Die Krise der Bauindustrie in den 1980er-Jahren brachte Arcomet in Schwierigkeiten und zwang zu Umstrukturierungen, die sich in den 1990ern auszahlten. Heute bietet Arcomet Hublösungen für fast jeden Industriebedarf.

Der T 33 gehört zu einer Reihe von Schnellmontagekranen mit der Führerkabine an der Kranbasis. Da es keinen Gegenausleger gibt, ist der Ballast hinter der Kabine platziert. Zur Montage und Demontage kann der Ausleger abgesenkt und senkrecht neben dem Mast platziert werden. Bei Reduzierung der Einsatzhöhe verbleibt der Ausleger waagerecht auf dem Mast.

Schnellmontagekran

Der Kran errichtet sich selbst: Zuerst wird der Mast mit dem betriebsbereiten Kran aufgerichtet, dann drückt ein verschiebbarer Teleskopierwagen einen Mastschuss nach dem anderen durch die innere Mastkonstruktion hoch, bis die Einsatzhöhe erreicht ist.

Der Turm erreicht maximal 23,5 Meter Hakenhöhe. Seine Traglast beträgt maximal vier Tonnen, bei einer Ausladung von 30 Metern immerhin noch 1,5 Tonnen.

FAKTEN Gewöhnlich dauert der Aufbau eines Turmdrehkrans mindestens einen Tag; dann folgen die Sicherheitsprüfungen. Die Demontage des Krans dauert ähnlich lange. Dieser Aufwand wird durch die großen Vorzüge eines Turmdrehkrans ausgeglichen. Ein Schnellmontagekran kann die Arbeit schneller aufnehmen und spart Zeit und Geld.

Technische Daten

Spurweite der Basis: 4 m
Hakenhöhe: 23,5 m
Traglast: max. 4 t
Ausladung: 30 m
Tragfähigkeit bei 30 m Ausladung: 1,5 t

OBEN: Der T 33 kann sich selbst auf seinem Fundament montieren und sofort mit der Arbeit beginnen – er ist schneller einsatzbereit, als ein herkömmlicher Turmdrehkran demontiert werden kann.

RECHTS: Wie dieses Foto zeigt, sitzt das Gegengewicht unmittelbar hinter dem Gegenausleger und nicht an dessen äußerem Ende. Die Kabine ist nicht sichtbar, weil sie am Mastfuß angeordnet ist.

1988

Liebherr 200 HC

Liebherrs Produktpalette umfasst unter anderem zahlreiche Turmdrehkrane, darunter auch Topless- und Nadelauslegerkrane sowie konventionellere Modelle.

Technische Daten

Max. Traglast: 10 t

Max. Auslegerlänge: 60 m

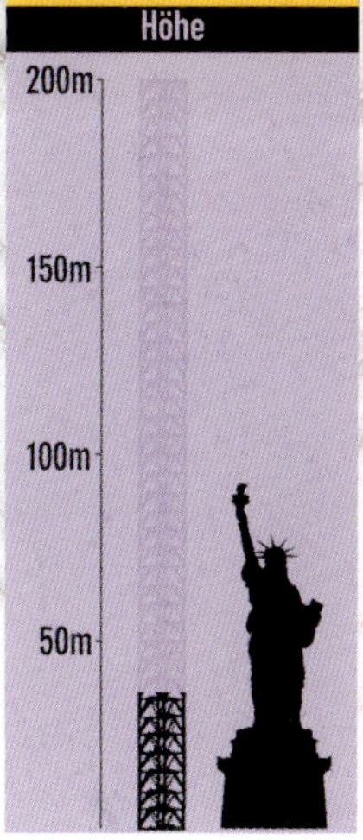

Obwohl es eine Nachfrage nach sehr großen Kranen beziehungsweise nach Kranen mit hohen Tragfähigkeitswerten gibt, werden die meisten Arbeiten von „normalen" Konstruktionen erledigt. Zu diesen „Arbeitspferden" gehörte auch der 200 HC. Seine maximale Tragfähigkeit betrug zehn Tonnen, was meist völlig ausreichte. Bei einer maximalen Ausladung von beachtlichen 60 Metern transportierte er noch 2,3 Tonnen.

Kürzere Auslegerlängen

Wie viele dieser Konstruktionen konnte auch der 200 HC mit Auslegern unterschiedlicher Länge gebaut werden; der kürzeste war 31,7 Meter lang. Mit diesem Ausleger trug der Kran bei maximaler Ausladung exakt 8,05 Tonnen.

Sobald die Basis (4,85 Meter) und das Grundturmstück (8,85 Meter) errichtet waren, konnten bis zu neun Turmstücke (je 4,14 Meter) montiert werden. Der Kran erreichte dadurch eine maximale Hubhöhe von 49,6 Meter bei stationärer Montage, beziehungsweise 54,2 Meter, wenn er fahrbar aufgestellt wurde.

LINKS: Längst sind wir an den Anblick solcher Arbeitsgeräte überall auf den Baustellen gewöhnt. Was einst als mechanisches Wunderwerk galt, ist heute alltäglich.

FAKTEN Liebherr bietet einen Derrickkran an, der speziell für die Montage und Demontage von Turmdrehkranen als auch von Kranen auf hohen Gebäuden, Brücken und ähnlichen Orten konstruiert wurde. Der Derrick 200 DR 5/10 kann in kleine Teile zerlegt, leicht transportiert und von einem leichten Hubwerk gehoben werden.

Arcomet MR 75

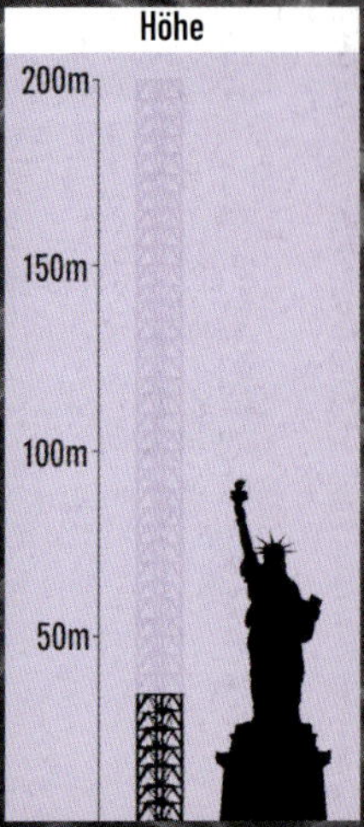

Seit 50 Jahren baut Arcomet Maschinen und ist heute auf Schnellmontage- und Turmdrehkrane spezialisiert. Der MR 75 gehört zu einer Familie von Obendreherkranen.

Während die schwächsten Mitglieder dieser Serie Lasten von vier Tonnen 36,5 Meter hoch heben können, transportieren die stärkeren zehn Tonnen auf 43,5 Meter Höhe.

Der MR 75 benötigt, wie viele ähnliche Maschinen, entsprechend seinem Arbeitsauftrag und der Situation vor Ort verschiedene Fundamentarten. Die höchste Hakenhöhe beträgt 40,7 Meter bei 48 Metern Ausladung. Bei dieser Arbeitsauslage kann der MR 75 1,3 Tonnen heben. Der Ausleger ist an zwei Punkten abgestrebt. Der Träger, über den die Auslegerstreben führen, ist 8,2 Meter hoch.

UNTEN: Zum Schwerlasttransport ist ein schwerer Ballast auf einem langen Gegenausleger unerlässlich. Für leichtere Arbeiten kann der Kran mit einem kürzeren Gegenausleger aufgebaut werden.

Berechnung der Gegengewichte

Ausleger und Gegenausleger werden gewöhnlich durch Betonplatten waagerecht gehalten, die zehn Meter hinter der Kranführerkabine platziert werden. Wie schwer dieser Ballast ist, hängt von der Ausladung des Auslegers ab: Die maximale Ausladung von 48 Metern erfordert ein Gegengewicht von fast 11,5 Tonnen. Bei der kürzesten Ausladung (30 Meter) ist ein Gegenauslegerballast von 6,6 Tonnen nötig; hiermit hebt der MR 75 maximal 2,8 Tonnen.

FAKTEN Wie die meisten Unternehmen geriet auch Arcomet in den 1980er-Jahren in Schwierigkeiten. Derartige Vorkommnisse sind im Lauf einer langen Firmengeschichte unvermeidlich. Arcomet veranlasste dies zu einigen Neuerungen. So wurden zum Beispiel 1987 mit großem Erfolg eine Kundendienstabteilung und ein Kranverleih eingerichtet.

Technische Daten

- Spurweite: 4,4 m
- Hakenhöhe: 40,7 m
- Traglast: max. 5 t
- Tragfähigkeit: 1,3 t bei 48 m Ausladung

OBEN: Die moderne Kabine dieses MR 75 ist inklusive Fußboden verglast und bietet dem Kranführer optimale Sicht auf Baustelle und Last.

Krøll K-10000

Der größte Turmdrehkran der Welt ist der Krøll K-10000. Seine Typenbezeichnung ist abgeleitet von seiner Traglast und der maximalen Ausladung.

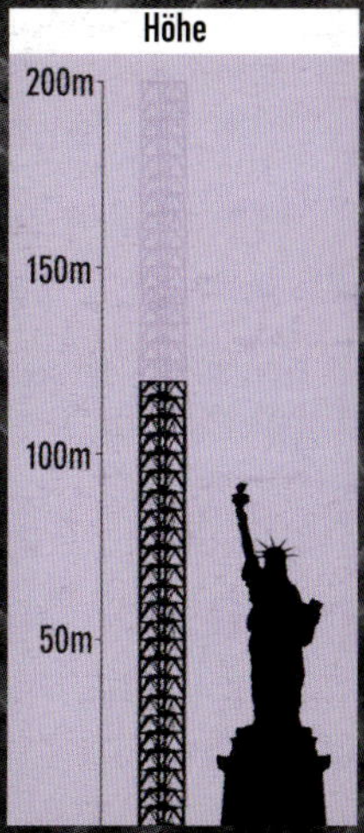

Dieser Kran ist so riesig, dass er auf seiner Spitze noch einen kleineren Servicekran trägt. Der Servicekran ist ungefähr 35 Meter hoch, hat 20 Meter Ausladung und sechs Tonnen Tragfähigkeit. Verglichen mit dem gigantischen Hauptkran wirkt er wie ein Zwerg.

Trotz seiner gewaltigen Konstruktion kann der K-10000 auf einem Unterwagen mit Schienenfahrwerk (Spurweite 18 Meter) montiert werden. Der an der Basis drehbare Hauptturm sitzt auf einem Zylinder. Der Gegenausleger trägt einen stationären Ballast von 100 Tonnen sowie zwei bewegliche Gewichte von 40 und 83 Tonnen.

Der K-10000 kann als Standard- oder Langversion montiert werden. In der Standardversion können 120 Tonnen gehoben werden, die Arbeitsauslage beträgt 82 Meter. In der langen Version erreicht seine Ausladung zwar 100 Meter, die maximale Traglast reduziert sich jedoch auf 94 Tonnen. Mithilfe eines „Ultra Lift"-Systems (eine modifizierte Laufkatze) können bis zu 264 Tonnen transportiert werden.

FAKTEN Der Servicekran wird aus zwei Gründen aufgesetzt: Er erleichtert die Wartung und Instandhaltung von Hubwerk und Laufkatze sowie die Montage des Hauptkrans. Wegen der enormen Ausmaße des K-10000 müsste für diese Aufgaben sonst ein sehr großer Mobilkran eingesetzt werden. Der Servicekran ist kein fester Bestandteil und wird nur bei Bedarf montiert.

Technische Daten

Höhe: 120 m
Gesamtdurchmesser: 144,3 m
Gewicht: 959 t
Traglast: max. 120 t

UNTEN: Der Servicekran auf der Spitze dieses K-10000 ist nicht viel kleiner als die meisten serienmäßigen Turmdrehkrane. Dies veranschaulicht, wie gigantisch der K-10000 ist.

1993

Comedil CTL 250

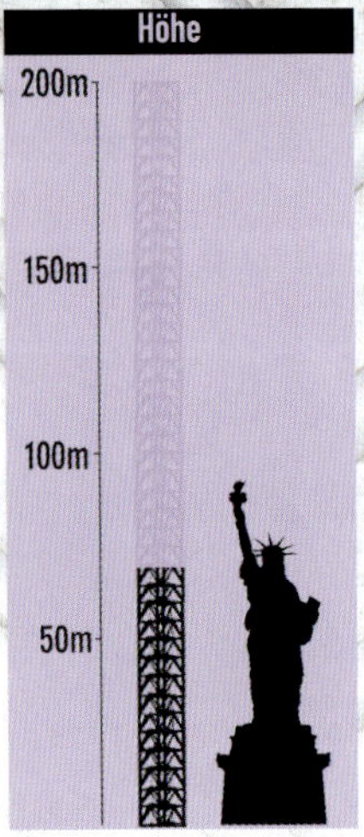

Comedil, ein weiteres Unternehmen des Terex-Konzerns, baut eine Reihe von Turmdrehkranen, wie zum Beispiel Topless-, Schnellmontage- und Nadelauslegerkrane.

Die CTL-Serie umfasst Nadelauslegerkrane, die speziell für den Einsatz auf engen Baustellen in Städten konstruiert wurden. Ihr Turm kann unterschiedlich hoch gebaut werden; die Ausleger lassen sich so steil aufrichten, dass Lasten problemlos an den Außenseiten von Gebäuden und, wenn nötig, sogar im Innern transportiert werden können.

UNTEN: Im Vergleich zu dem üblichen Turmdrehkran mit Katzausleger ist der Gegenausleger eines Turmdrehkrans mit Nadelausleger aus Stabilitäts-gründen viel kürzer und solider gebaut.

Traglast

Die Krane der CTL-Produktreihe heben Lasten von acht bis 32 Tonnen und haben Auslegerlängen von 30 bis 60 Metern. Mit Arbeitsauslagen von 30 bis 55 Metern und Turmhöhen von 44,5 bis 70 Metern kann der CTL 250 zahlreiche Aufgaben erfüllen. Das Grundmastelement ist 3,75 Meter hoch; es ist aber auch ein zehn Meter hohes Mastelement verfügbar.
Am Einzelhaken kann der CTL 250 Lasten von acht Tonnen, mit doppelter Strangscherung 16 Tonnen heben. Mit dem Ausleger in waagerechter Position und bei größtmöglicher Arbeitsauslage sinkt die Kapazität auf 2,4 Tonnen. Der Ballast ruht auf einem nur 8,1 Meter langen Gegenausleger in Höhe des Auslegeranschlagpunktes.

FAKTEN Beim Bau hoher Gebäude werden Nadelauslegerkrane manchmal auch als Kletterkrane eingesetzt. Die Bezeichnung bezieht sich darauf, wie die Kranhöhe mit dem Bau wächst. Dabei findet der Turm Standsicherheit über Teleskoprahmen, die in Geschossdecken eingespannt werden. Die Elemente werden mit leichten Hubwerken positioniert.

Technische Daten

Ausleger: max. 50 m–60 m
Tragfähigkeit: 1,8–9,4 t (je nach Ausladung)
Turmhöhe: max. 44,45–70,1 m
Traglast: max. 8–16 t

Liebherr 630 EC-H

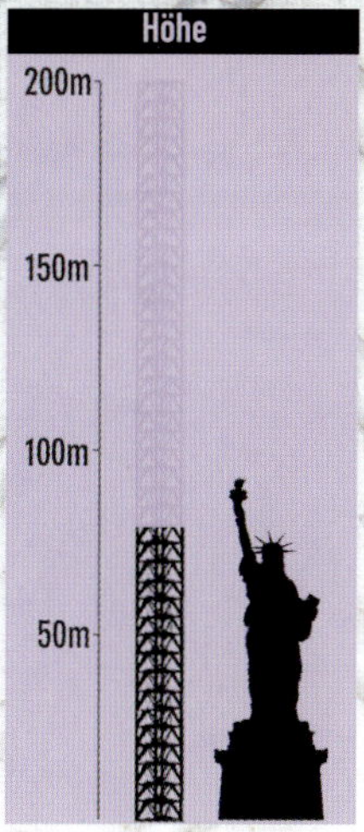

Der 630 EC-H, größter in Liebherrs Turmdrehkranreihe EC-H Litronic, ist in den Versionen „40" und „50" verfügbar. Diese Zahlen beziehen sich auf die maximalen Traglasten von 40 beziehungsweise 50 Tonnen.

Beide Versionen erreichen 80 Meter Hakenhöhe. Bei maximaler Ausladung hebt der „40" 5,8 Tonnen, der „50" 5,2 Tonnen. Bei Liebherrs Baukastenprinzip werden zehn und zwölf Meter lange Elemente zu einem maximal 80 Meter langen Ausleger kombiniert. Zum Bau der Gegenausleger (Gesamtlänge 28,2 Meter; Traglast maximal 50 Tonnen) werden Elemente von 6,6 Meter, 5 Meter und 9,5 Meter Länge verwendet.

Schienen und Laufkatzen

Die Litronic-Krane der Baureihe bieten bis zu 20 Prozent mehr Traglast. „40" und „50" verwenden dieselben Hubwerke und Drehbühnen. Ihre Unterwagen können schienenverfahrbar (Spurweite zehn Meter) konzipiert werden und erreichen 25 m/min Höchstgeschwindigkeit. Die Laufkatze am Ausleger ist 70 m/min schnell und benötigt bei maximaler Arbeitsauslage von einem Ende des Auslegers zum anderen etwa eine Minute.

RECHTS: Zur Stabilisierung von Turm und Ausleger ist der Unterkran fest an der Außenfassade des Gebäudes verankert. Ein ähnliches Prinzip nutzen Kletterkrane beim „Einklettern" in Gebäuden.

FAKTEN Dank der modularen Konstruktion können einige Elemente komplett auf Tiefladern transportiert werden. Dazu gehören das Grundturmstück sowie die Grundplatte mit Ballast. Auch Gegenausleger, Drehbühne und Turmspitze „reisen" als komplette Einheit. Turm- und Auslegerstücke lassen sich auf einen Lkw oder in einen Frachtcontainer verladen.

Technische Daten

(630 EC-H 50 Litronic)

Traglast: max. 50 t

Tragfähigkeit: 5,2 t bei max. Ausladung

Hakenhöhe: max. 80 m

Höchstgeschwindigkeit auf Schienen: 25 m/min

1995

Liebherr 280 EC-H 12

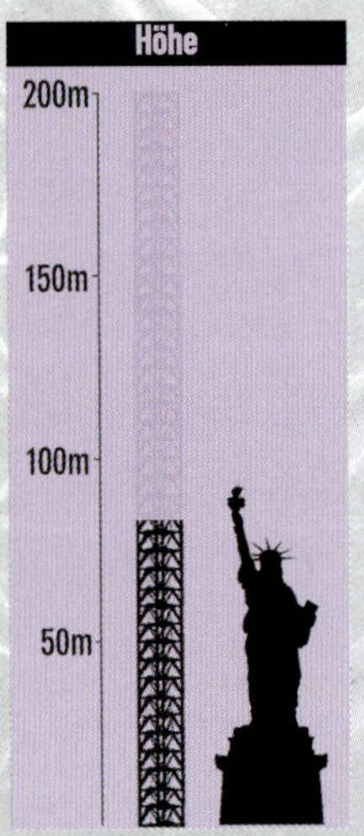

Liebherrs Baureihe EH-C Litronic umfasst auch einige für mittlere und große Projekte entworfene Turmdrehkrane. Auch sie können leicht transportiert und auf der Baustelle montiert werden.

Alle Mitglieder der EC-Familie sind modular aufgebaut und haben ein Elektromotorsystem. Die Baureihe beginnt mit dem 112 EC-H 8 mit einer Hakenhöhe von bis zu 68 Metern und einer Ausladung von 55 Metern. Die maximale Tragfähigkeit beträgt acht Tonnen, an der Auslegerspitze 1,85 Tonnen. Die größtmögliche Ausladung (81,5 Meter) und eine maximale Hakenhöhe von 85,5 Metern weist zurzeit der 550 EC-H 40 auf. Er kann höchstens 40 Tonnen, bei maximaler Ausladung vier Tonnen tragen.

In der Mitte der Serie

Der 86,8 Meter hohe 280 EC-H 12 ist ein für diese Baureihe typischer Kran, wobei die „12" für die maximale Tragfähigkeit von zwölf Tonnen steht. Sein Ausleger besteht aus Elementen von zwölf, zehn und fünf Metern Länge, sodass, wenn keine maximale Ausladung erforderlich ist, auch kürzere Arbeitsauslagen konstruiert werden können. Ein fünf Meter langes Zwischenstück sowie Kopf- und Anlenkstück bilden den Gegenausleger.

FAKTEN Krantransport ist ein Problem, das durch ein wohldurchdachtes Konzept minimiert werden kann. Dank des Baukastensystems lässt sich ein Turmkran so transportieren, dass die Bauteile in Montagereihenfolge am Einsatzort eintreffen. Gegenausleger und Drehwerk werden fertig montiert angeliefert und müssen nur noch an Ort und Stelle platziert werden.

Technische Daten

Traglast: max. 12 t
Tragfähigkeit: 2,8 t bei max. Ausladung
Hakenhöhe: max. 86,8 m
Ausladung: max. 75 m

UNTEN: Transport und Montage eines Turmdrehkrans erfordern Zeit. Bei einer Baustelle wie dieser ist der Montageaufwand im Vergleich zur Dauer eines solchen Großprojekts unbedeutend.

Terex Peiner SK 315

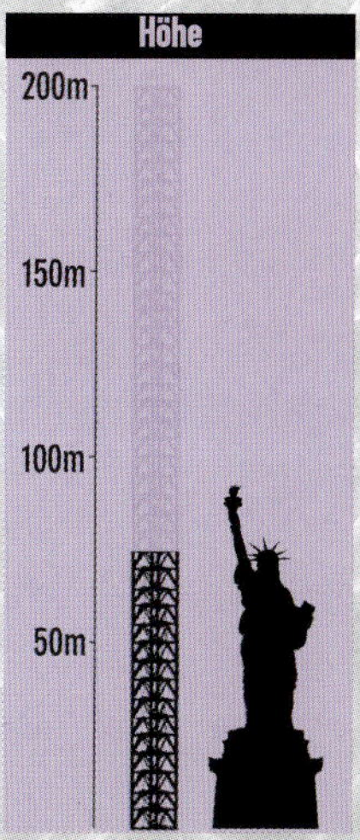

Terex Peiner ist eine weitere Marken des Terex-Konzerns. Während die meisten Unternehmen mehrere Krankategorien fertigen, baut Peiner nur Turmdrehkrane.

Der SK 315 ist ein typisches „Arbeitspferd" der Bauindustrie. Turmdrehkrane können nicht die Schwerstlasten bewältigen, die von einigen anderen Krantypen bewältigt werden – aber das ist auch nicht ihre Aufgabe. Statt schwerer Einzellasten sollen Turmdrehkrane viele leichte Lasten über einen längeren Zeitraum bewegen. Deshalb lohnen sich auch ihre langen Montagezeiten; einmal aufgestellt, erfüllen sie ihre Aufgaben zuverlässig und kostengünstig.

Zulässige Belastung

Bei drei Metern Ausladung bietet der SK 315 eine maximale Tragfähigkeit von 16 Tonnen, bei größter Auslage dagegen sinkt sie auf 3,1 Tonnen. Eine maximale Hakenhöhe von 72 Metern ist für die meisten Einsätze mehr als ausreichend. Der 70 Meter lange Ausleger wird mit zwei Zugstreben waagerecht gehalten, die an der neun Meter hohen Turmspitze angeschlagen werden. Stabilisiert wird das Kranoberteil durch auf dem Endstück des Gegenauslegers platzierte Betonplatten.

FAKTEN Der Ballast dieses Krans ist 19,5 Meter vom Turm entfernt am Ende des Gegenauslegers platziert; das Gewicht muss dem jeweiligen Arbeitsauftrag angepasst werden. Abhängig davon, wie schwer die Last und wie weit sie vor dem Drehpunkt am Ausleger untergehängt ist, benötigt der SK 315 Ausgleichsgewichte von 13,6 bis 20,75 Tonnen. Faustregel: je größer die Arbeitsauslage, desto schwerer der Ballast.

Technische Daten

Traglast: max. 16 t
Ausladung: max. 70 m
Hakenhöhe: max. 75 m
Tragfähigkeit: 6,8 t bei max. Ausladung

UNTEN: Zwei Zugstreben halten den Ausleger waagerecht. Ohne diese Streben würde der Ausleger unter seinem eigenen Gewicht einstürzen. Lastentransporte wären unmöglich.

1997

Potain MD 345B L12

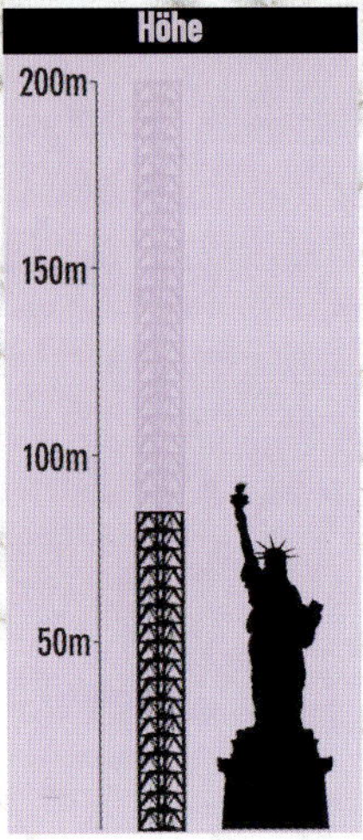

Potain, 2001 von der Manitowoc Crane Group erworben, ist für seine oben und unten drehenden Kranen berühmt, baut aber auch Schnellmontage- und Spezialkrane modernster Hebetechnik.

Maxi MD ist eine Baureihe großer Obendreher mit langen Ausladungen (75 bis 80 Meter) und Spitzenlasten von 12 bis 25 Tonnen. Bis auf den MD 365B L16 haben diese Krane bei maximaler Arbeitsauslage eine Spitzenlast von knapp über drei Tonnen.

Der MD 345 ist mit 69,8 Metern maximaler Hakenhöhe, einer größten Arbeitsauslage von 75 Metern und einer Höchstlast von 12 Tonnen das kleinste Familiemitglied. Das größte Modell der Baureihe, der MD 485B M25, kann mehr als die doppelte Spitzenlast bewältigen.

Der Ausleger kann mit 5-Meter-Anlenkstücken auf Längen zwischen 40 und 75 Metern montiert werden. Bei einer Arbeitsauslage von bis zu 50 Metern benötigt der Kran für das Ausgleichsgewicht einen 18,2 Meter langen Gegenausleger. Ist der Ausleger länger, wird der komplette Gegenausleger mit insgesamt 24,2 Metern benötigt. Je kürzer der Ausleger ist, desto leichter ist das Gegengewicht. Bei Auslagen von 75 oder 50 Metern Länge wird der Höchstballast von 22,4 Tonnen benötigt.

FAKTEN Abhängig von der Turmhöhe kann der MD 345, gleich vielen ähnlichen Kranen seines Typs, auf Schienen, einer ballastierten Grundplatte oder einem Betonfundament montiert werden. Ein auf Fundamente gesetzter Kran ist bei gleicher Anzahl Mastelemente ungefähr fünf Meter kürzer als ein auf einer Grundplatte montierter.

Technische Daten

Tragfähigkeit: 12 t bei 22,9 m Ausladung; 3,1 t bei 75 m Ausladung

Höhe (frei stehend): 70 m auf 2 m² Bodenplatte

UNTEN: Verglichen mit den Spitzenlasten einiger anderer Krantypen erscheinen drei Tonnen belanglos. Aber die Krane der MD-Baureihe sind für dauerhaftes Arbeiten ausgelegt.

Terex Comedil CTT 561

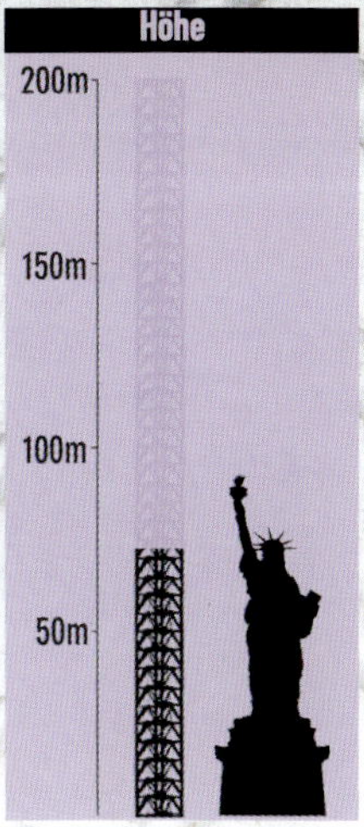

Unter dem Namen Comedil vermarktet Terex drei Krankategorien. Während es sich bei der CBR-Baureihe um Schnellmontagekrane handelt, umfasst die CTL-Serie Nadelauslegerkrane.

Die Krane der CTT-Baureihe ohne Turmspitze sind speziell für Einsätze mit begrenzter Höhe konstruiert, zum Beispiel auf Flughafenbaustellen, wo sie den Flugverkehr nicht gefährden dürfen.

Abhängig von seiner Hubwerkkonfiguration transportiert der CTT 561 Spitzenlasten von 16, 24 oder 32 Tonnen. Für die 32-Tonnen-Konfiguration sind Ausleger mit Ausladungen von 40 bis 85 Metern verfügbar, die aus fünf Meter langen Elementen montiert werden. Ausleger mit Reichweiten von mehr als 60 Metern benötigen einen 27,1 Meter langen Gegenausleger als Ballastträger. Hat der Gegenausleger am Kran nur 24,1 Meter Länge, darf der Ausleger nicht länger als 60 Meter sein. Diese Konfiguration ist vorteilhaft, weil Toplesskrane häufig auf engen Baustellen arbeiten.

Der Mast kann auf unterschiedliche Höhen montiert werden und ermöglicht maximale Hakenhöhen von 62 bis 73 Metern. Bei Masthöhen bis zu 65 Metern steht er auf einem acht Quadratmeter, bei Höhen über 65 Meter auf einem zehn Quadratmeter großen Fundament.

Rechts: Das Aussehen eines „Toplesskrans" ohne Spitze erscheint seltsam, obwohl er sich funktionell nur wenig von herkömmlichen Turmdrehkranen unterscheidet.

FAKTEN Der Beginn des 21. Jahrhunderts scheint für die Kranbauer eine gute Zeit zu sein. Rund um den Globus floriert das Baugewerbe, und Kranverleiher und -hersteller melden eine steigende Nachfrage. Dabei werden nicht nur Krane benötigt, sondern auch neue Konstruktionen für einen sich ständig verändernden Markt.

Technische Daten

Ausleger: max. 75–84 m
Tragfähigkeit: 2,9 t bei max. Ausladung
Hakenhöhe: max. 62,2–73,4 m
Traglast: max. 16–40 t

Comedil CTT 161

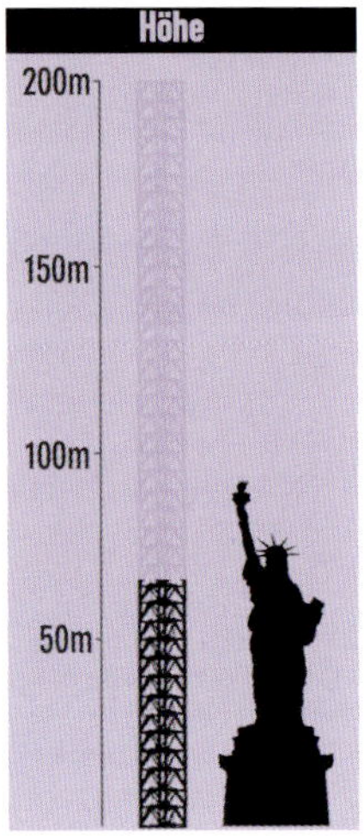

Eine breite Palette von Schnellmontage-, Nadelausleger- und Toplesskranen – beispielsweise der CTT 161 – gehört zum Programm von Comedil, einem renommierten Hersteller von Turmdrehkranen unter dem Dach des Terex-Konzerns.

Die meisten Turmdrehkrane sind bedeutend größer als ihre höchste Hakenhöhe. Die Notwendigkeit, Ausleger und Kran durch Zugstreben waagerecht zu halten, erfordert bis zu zehn Meter hohe Turmspitzen. An der Tatsache, dass der Ausleger höher sein muss als der Haken, ist nicht zu rütteln – doch es wird viel Höhe verschenkt. Lauern im Luftraum Gefahren oder ist die Baustelle im Höhenbereich begrenzt, zum Beispiel wenn Hindernisse überhängen, kann eine Turmspitze zum Problem werden.

Sogenannte Toplesskrane sollen dieses Problem lösen. Bei ihnen ist die über dem Ausleger angeordnete Konstruktion und damit die Gesamthöhe wesentlich verringert, ohne die wirkliche Arbeitshöhe einzuschränken. Niedrigere Krane sind besonders für enge oder überfüllte Großbaustellen geeignet, weil sich ihre Drehkreise mit den Arbeitsbereichen weiter oben eingesetzter Maschinen gefahrlos überschneiden können.

Baukastensysteme

Comedils Toplesskrane sind nach dem Baukastenprinzip konstruiert. Durch die austauschbaren Mast- und Auslegerelemente werden die Wartungskosten reduziert; der Kran kann in unmittelbarer Nähe des vorgesehenen Standorts montiert und aufgebaut werden. Ausleger mit bis zu 85 Metern Arbeitsauslage können ohne Zugstreben gebaut werden.

Da die sonst in großen Höhen benötigten Auslegerzugstreben und -träger entfallen, ist ein Toplesskran schneller und – vermutlich – auch sicherer aufzubauen.

UNTEN: Manchmal bieten Toplesskrane bessere Einsatzmöglichkeiten als herkömmliche Turmdrehkrane. So können sie mit sehr kurzem Ausleger montiert werden.

OBEN: Turmdrehkrane in London: vorn ein Toplesskran, dahinter Nadelausleger. Entsprechend den Arbeitsbedingungen vor Ort kombinieren Bauunternehmer die verschiedenen Krankategorien.

Zudem kann er auch mit kürzerem Ausleger konstruiert werden, mit vielleicht nur 20 Metern Ausladung. Bei größerer Reichweite wäre dies unmöglich, weil Zugstreben unverzichtbar sind.

Bei der Konstruktion von Toplesskranen werden auch logistische Fragen berücksichtigt. Ihre Elemente können schnell montiert, mithilfe kleinerer Krane errichtet und, da viele Einzelteile in Containern verpackt sind, leicht am vorgesehenen Standort angeliefert werden.

Der CTT 161 kann bei 24 Metern Ausladung (längste Arbeitsauslage) bis zu sechs Tonnen heben. Bei größeren Reichweiten reduziert sich die Spitzenlast unvermeidlich, beträgt aber sogar bei 60 Metern immerhin noch beachtliche zwei Tonnen.

FAKTEN Stärkstes Mitglied dieser Baureihe ist der CTT 721-40. Sein Ausleger kann bis zu einer Reichweite von 85 Metern ausgebaut werden. Bei 12,2 Metern Ausladung hebt er eine Spitzenlast von 40 Tonnen; mit kürzerem Ausleger bis 21,4 Meter. Die längste Arbeitsauslage erfordert auch einen maximal 28,1 Meter langen Gegenausleger.

Technische Daten

Ausladung:
max. 40–65 m

Tragfähigkeit: 1–1,9 t bei max. Ausladung

Hakenhöhe:
max. 32,4–67,2 m

Traglast: max. 8–32 t

Liebherr 420 EC-H 16 Litronic

Technische Daten

Traglast: max. 16 t

Tragfähigkeit: 3,7 t bei max. Ausladung

Hakenhöhe: max. 92,9 m

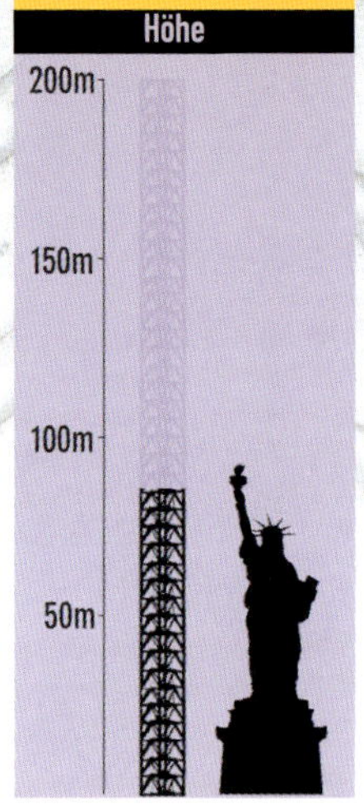

Die Baureihe EC-H ist mit oder ohne Litronic-Steuerung bei unverändertem Basiskran lieferbar. Der Kran ist ein Obendreher für Spitzenlasten bis 16 Tonnen, dessen Tragfähigkeit bei maximaler Ausladung auf 2,6 Tonnen sinkt. Er kann in zwei verschiedenen Masthöhen errichtet werden.

Mit dem Litronic-System können höhere Spitzenlasten transportiert werden. Ein Knopfdruck genügt, und der Kran steigert seine Tragfähigkeit um bis zu 20 Prozent. Können ohne Litronic 16 Tonnen gehoben werden, so sind es mit Litronic rund 20 Tonnen. Bei maximaler Ausladung sinkt die Spitzenlast auf 3,2 Tonnen. Litronic ist ein Steuersystem, das alle Aspekte des Kranbetriebs sowie die Bedienungsbefehle des Kranführers dahin gehend interpretiert, dass die größtmögliche Leistungsfähigkeit erzielt wird. Ein integriertes System dieser Art bietet zahlreiche Vorteile. Unter anderem deshalb, weil der Kranführer bei der Arbeit nicht ständig die Traglasttabelle zu Rate ziehen muss.

Sicherheit geht vor

Manuelle Sicherheitsvorrichtungen müssen beträchtlichen Standards genügen, um Überlastung und jeden nur möglichen Bedienungsfehler zu verhindern. Auch bei elektronischen Steuerungssystemen ist eine Sicherheitsmarge immer noch unverzichtbar. Erfolgt die Einspeisung der Last-, Belastungs- und Positionsangaben in die Steuerkreise in Echtzeit, können diese Margen gering gehalten und müssen nicht werkseitig eingestellt werden. Die Arbeit des Kranführers wird nicht unnötig eingeengt, sodass er – gestützt auf seine Erfahrungen – die Fähigkeiten „seines" Krans optimal nutzen kann.

Der Kran ist modular konstruiert. So kann er nicht nur einfach montiert und transportiert, sondern auch als Kletterkran an Gebäuden verwendet werden. So kann der Mast beispielsweise in einem Fahrstuhlschacht aufgebaut werden und mit dem wachsenden Gebäude auch seine Einsatzhöhe steigern.

Elektromotoren heben die Lasten, drehen den Ausleger und bewegen die Laufkatze vor und zurück. Der Kran arbeitet mit fast jedem Hochspannungsnetz. Für den Kranbetrieb bieten Elektromotoren zahlreiche Vorteile: So können Ausleger und Laufkatze feinfühlig bewegt und Lasten behutsam aufgenommen und präzise am vorgesehenen Ort abgesetzt werden. Schnelle Bewegungen sind nur dann möglich, wenn keine Last am Haken hängt.

FAKTEN Im Jahr 2000 montierte Liebherr 14 Krane – davon elf mit Litronic-System – auf einer Großbaustelle auf dem Pariser Flughafen Charles de Gaulle. Größter Kran war ein 630 EC-H 25 für Spitzenlasten bis 25 Tonnen, während die meisten anderen Geräte für acht beziehungsweise zwölf Tonnen ausgelegt waren. Für Arbeiten auf engstem Raum und mit begrenzter Höhe wurden zwei Spezialkrane eingesetzt.

LINKS: Obwohl die Basisform des Turmdrehkrans über mehrere Jahrzehnte unverändert blieb, haben Fortschritte in der Steuerungstechnik die Einsatzfähigkeiten bedeutend verbessert.

RECHTS: Turmdrehkrane, an den Pylonen einer Hängebrücke verankert. Da sich Konstruktionstechniken ständig weiterentwickeln, müssen die Geräte damit Schritt halten.

Terex Peiner SK 415

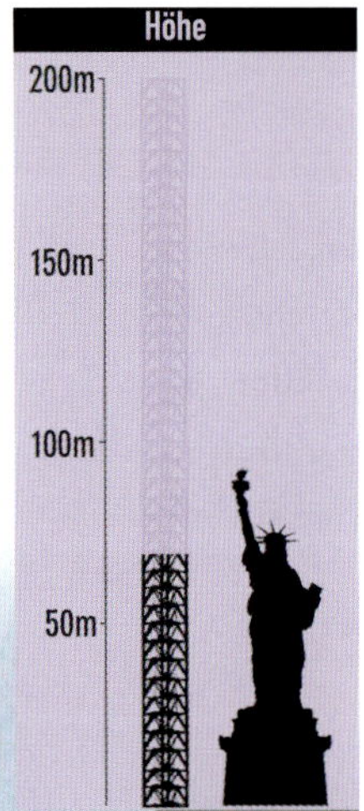

Der SK 415 Hammerkopf-Turmdrehkran ist als 415-20 und 415-25 lieferbar. Wie allgemein üblich, verweisen „20" beziehungsweise „25" auf die maximale Tragfähigkeit.

Die Krane unterscheiden sich kaum voneinander; beide bieten maximale Hakenhöhen von 68,8 Metern, und ihre Ausleger können mit 5-Meter-Elementen auf Reichweiten von 35 bis 75 Metern montiert werden.

Mit einem eingescherten Seil trägt die Hakenflasche des „20" zehn und mit doppelt eingeschertem Seil 20 Tonnen. Bis zu welcher Ausladung die Spitzenlasten bewegt werden können, ist abhängig von der Auslegerreichweite, beispielsweise bis 17,6 Meter bei maximaler Ausladung. Wird der Ausleger auf 35 Meter verkürzt, kann die Spitzenlast von 20 Tonnen bis auf 26 Meter angehoben werden.

Ein sicheres Fundament

Zur Standsicherheit benötigt ein Kran dieser Größe sehr viel Ballast. Bei kürzeren Auslegerreichweiten beginnt die Ballastmenge bei knapp unter 80 Tonnen; sie steigt auf maximal 105,6 Tonnen für die längste Auslegerkonfiguration. Dieser Ballast besteht aus 6,6 Tonnen schweren Betonplatten, die zentral um den Drehpunkt des Krans angeordnet werden. Als Gegengewichtsballast werden 3,11 Tonnen schwere Betonplatten auf dem 22,3 Meter langen Gegenausleger platziert.

RECHTS: Deutlich ist die Laufkatze mit tief abgesenktem Lasthaken am Ausleger dieses SK 415 sichtbar. Die meisten Turmdrehkrane sind für eine breite Palette von Haken eingerichtet.

FAKTEN Die Fundamentplatte dieses Krans misst neun mal neun Meter und ist 1,7 Meter stark. Daraus ergibt sich eine Fläche von 81 Quadratmetern beziehungsweise insgesamt 137,7 Kubikmetern. Dieses große Volumen und der immense Ballast verhindern, dass der Kran unter einer Last und dem Gewicht seines Auslegers umkippt.

Technische Daten

Traglast: max. 20 t

Ausladung: max. 75 m

Hakenhöhe: max. 83 m (frei stehend)

FB Gru GA 727

Seit mehr als 50 Jahren existiert FB Gru. Den ersten Turmdrehkran baute das italienische Unternehmen in den 1950er-Jahren. Damals begann der Wiederaufbau nach dem Zweiten Weltkrieg, und FB Gru hätte keinen besseren Zeitpunkt für den Einstieg in die Bauindustrie wählen können.

Die Firma florierte und konnte sogar expandieren. Anfang der 1970er-Jahre wurde die Produktpalette um oben beziehungsweise unten drehende Schnellmontagekrane erweitert. Eine weitere Entwicklung war die Erfindung von Auslegern, die zum Transport auf die Hälfte zusammengeklappt werden konnten.

Einfacher Transport

Die GA-Baureihe umfasst Schnellmontagekrane (auch als Schnelleinsatzkrane bekannt), und zwar sowohl Standard- als auch Kompaktmodelle. Der GA 727 zählt zu letzteren. Für den einfachen Transport entwickelt, können zwei dieser Krane in einem Frachtcontainer verlastet werden. Der GA 727 ist sehr kompakt und kann Aufbau, Nivellierung sowie Ballastierung selbst ausführen.

FB Gru bietet den GA 727 mit zwei verschiedenen, 25 beziehungsweise 27 Meter langen Auslegern an. Bei maximaler Arbeitsauslage kann die längere Version 700 Kilogramm, die kürzere 800 Kilogramm tragen.

Technische Daten

Traglast: max. 2 t
Ausleger: 27 m
Tragfähigkeit bei max. Ausladung: 0,7 t

Höhe

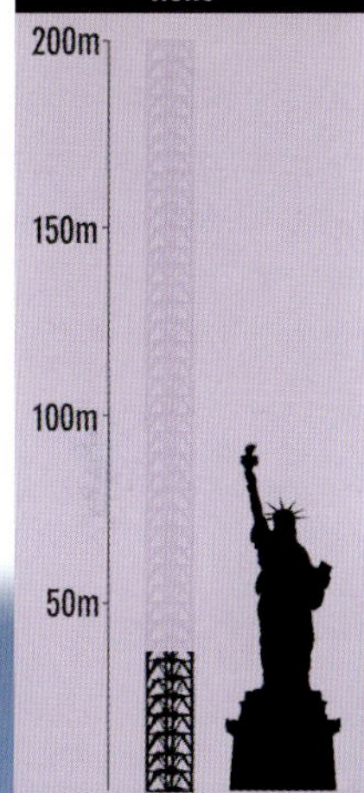

UNTEN UND RECHTS: Ein GA 727 entfaltet sich aus der Transportstellung und ist sofort einsatzbereit. Das schmale Fundament benötigt nur wenig Platz – ideal für Arbeiten auf kleinen Baustellen.

FAKTEN Krane für Einsätze auf kleinen Baustellen werden immer leistungsfähiger; ihre geringen Abmessungen erweisen sich beim Transport zum Arbeitsplatz als sehr hilfreich. Seit es diese kleinen Schnellmontagekrane gibt, können Bauunternehmer für spezielle Projekte viel leichter das optimale Arbeitsgerät wählen. Da sie sofort einsatzbereit sind, entfallen Zeit und Kosten für Aufbau und Demontage.

Register

Kursive Seitenzahlen bezeichnen Abbildungen